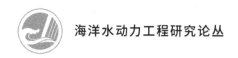

海洋水动力工程研究论丛

Experimental Study on
Ecological Coastal
Protection Engineering

生态海岸防护工程试验研究

栾英妮　陈汉宝　姜云鹏　戈龙仔　杨会利　著

U0178201

人民交通出版社股份有限公司
北　京

内 容 提 要

本书分析了国内外生态海岸建设的进展和研究方向,以多个沙质海岸工程为例,利用数值模拟和物理模型研究海岸生态防护的方法,为工程提供了科学依据,并总结了生态海岸的基本特征。

本书可供海洋及海岸工程相关领域研究人员使用,也可供相关专业在校师生学习参考。

图书在版编目(CIP)数据

生态海岸防护工程试验研究 / 栾英妮等著. — 北京:
人民交通出版社股份有限公司,2022.9
ISBN 978-7-114-17836-8

Ⅰ.①生… Ⅱ.①栾… Ⅲ.①海岸工程—防护工程—
工程试验—研究 Ⅳ.①P753-33

中国版本图书馆 CIP 数据核字(2022)第 022776 号

海洋水动力工程研究论丛
Shengtai Hai'an Fanghu Gongcheng Shiyan Yanjiu

书 名:	生态海岸防护工程试验研究
著 作 者:	栾英妮 陈汉宝 姜云鹏 戈龙仔 杨会利
责任编辑:	崔 建
责任校对:	孙国靖 宋佳时
责任印制:	刘高彤
出版发行:	人民交通出版社股份有限公司
地 址:	(100011)北京市朝阳区安定门外外馆斜街 3 号
网 址:	http://www.ccpcl.com.cn
销售电话:	(010)59757973
总 经 销:	人民交通出版社股份有限公司发行部
经 销:	各地新华书店
印 刷:	北京虎彩文化传播有限公司
开 本:	720×960 1/16
印 张:	14
字 数:	263 千
版 次:	2022 年 9 月 第 1 版
印 次:	2023 年 7 月 第 2 次印刷
书 号:	ISBN 978-7-114-17836-8
定 价:	58.00 元

编　委　会

前言

　　生态海岸概念在世界各国有不同的理解,有保持原生态的概念,有恢复自然良性发展的概念,也有创建生态型环境的概念。将海岸防护与生态海岸建设相结合符合恢复或创建生态环境的理念。当前全球面临海岸侵蚀后退的问题,海岸坍塌、陆地减少、沙滩退化。其近期变化原因更多认为是全球气候变化造成的,并预测将会进一步加剧。海水温度升高、冰川融化以及厄尔尼诺现象等催生海平面上升的问题,在近几十年的近岸潮位记录中已经事实证明。伴随着海洋水动力的增强和人类活动影响加剧,我国海岸带风暴潮、海岸侵蚀、地面沉降等灾害发生频率和强度都在增加,对海岸防护的需求日益提高。在大面积进行海岸防护的需求下,生态型工程为海岸防护提供了新理念。修复、重建和建设沙滩,扩展红树林,新建沼泽湿地等生态工程,成为海岸生态防护的发展趋势。

　　德国、英国、荷兰、美国、日本和中国等国都具有采用堤防工程防御海洋洪水灾害的悠久历史。过去多采用石块、混凝土等硬质护岸,在最近的 15 ～ 25 年,这类采用硬性防护措施的做法受到普遍质疑,从业者开始引入与自然协调的"软"措施。为此,1972 年 10 月 27 日美国颁布了《海岸带管理法》,韩国、日本、新加坡、英国等国也先后制定了海岸带管理法律、法规,近几年中国对海岸工程及用海颁布了一系列严厉的限制性法规。为了减少海岸资源破坏和避免海岸生态的恶化,中国大力推进退港还海、人造沙滩等工程措施对已受到破坏和退化的海岸带进行生态恢复。

　　尽管中国生态海岸的建设还处于起步阶段,但是国内研究工作一直紧跟国际步伐。本书结合研究成果和一些工程实例,列举了一些国内外生态海岸建设工程,总结了生态海岸的不同理念,阐述了沙质海岸防护、人工沙滩、景观护岸和生态工程技术等几种生态海岸的初步研究成果。试验研究也采用了一种新三维地形扫描技术,可对试验地形进行大范围、精细化、快速度扫描,形成可视化结果。

鉴于有限的工作基础,本书观点和研究成果仅供同行们参考。

作　者

2020 年 2 月于天津

目 录

1 绪　　言

1.1　研究背景和意义

近年来,我国海洋科技发展迅速,为认识海洋注入持续动力。2016 年我国全面建立海洋生态红线制度,初步将沿海各省(自治区、直辖市)30% 以上的管理海域和 35% 的大陆自然岸线纳入红线范围。2018 年国务院要求加强重点流域海域水污染防治,严控填海造地,同时国家海洋局的海洋环境保护职责整合到生态环境部,以加强海洋生态环境保护。

传统的海岸建设通常采用"硬"工程手段来解决海岸的侵蚀问题和相关危害,这些基础设施如海堤、丁坝等坚硬的结构建筑物在海岸环境中受到软泥基础承载力不足以及堤前加速冲刷等因素的影响,导致工程建设成本昂贵且造成更大破坏的威胁。此外,这样的解决方案并没有从根本上解决问题,未能恢复对例如生产性水产养殖和渔业部门至关重要的环境条件,无法提供之前当地生态系统可提供的经济、环境和社会服务功能。

针对传统海岸建设的不足,生态海岸建设具备以下优势:

(1)加大海滩宽度,减弱风暴波浪,以提高安全性并防止对后方建筑物和基础设施造成危害。

(2)增强生态功能,增加水生栖息地的多样性,如牡蛎礁和鱼类贝类栖息地,特别是岩石或坚硬结构的栖息地。

(3)提高社会防灾意识,提供围绕沿海防灾和生态系统的社区教育,增强人们对亲水结构和近岸水域的物理认识。

在全球气候变化导致的海平面上升和灾害性气象等的压力下,我国海岸带风暴潮、海岸侵蚀、地面沉降等灾害发生的频率和强度正在增加,对海岸防护体系的需求日益增加。基于生态工程的海岸防护提供了抵御海岸带灾害的新理念,修复和重建沙滩、红树林、沼泽湿地、珊瑚礁等海岸带生态系统,形成可持续的海岸防护体系成为发展趋势。

1.2　研究进展

生态海岸是指接近自然生态环境的一种海岸形式。生态海岸建设是指利用人工行为使得海岸保持或恢复更接近自然生态环境。当前生态海岸更多是满足人们对大自然的美好向往,尚需要以更长远的眼光和不同的价值体系来评估其安全性与经济性。

2004 年的印度洋海啸后的现场调查表明:有红树林等植被保护的地区受到海啸的破坏程度远小于无红树林保护的地区。可见,海岸植物的存在能有效降低台风浪、海啸等带来的破坏,在沿海防灾减灾体系建设中具有重要的作用,因此海岸植物在沿海防灾减灾体系中的作用也越来越得到重视。美国新奥尔良,因飓风而淹没后并没有建设高墙式的海堤,而是加强了海滩上的植树与木桩,配套了强制排水泵站。

德国、英国、荷兰、美国等国具有悠久的采用堤防工程防御海洋洪水灾害的历史。但在过去的 15 ~ 25 年,这类采用硬性防护措施的做法受到质疑,各国开始在海岸防护中引入与自然协调的"软"措施。1972 年 10 月 27 日,美国颁布了《海岸带管理法》。随之韩国、日本、新加坡、英国等国也先后制定了海岸带管理法律、法规。同时,为了减少资源破坏和避免生态进一步恶化,利用人工措施对已受到破坏和退化的海岸带进行生态恢复,日本提出建造新型人工鱼礁保护水生动物以提高海岸带生物量。此方法在马尔代夫和塞舌尔等国家得到了成功应用。

2013 年 6 月,美国住房和城市发展部(HUD)启动了"通过设计实现重建(Rebuild by Design)"竞赛。这项竞赛用于应对 2012 年超级风暴桑迪在美国东北地区造成的破坏,并推动以设计为主导方法实现长期防灾能力和气候变化适应性。竞赛获胜提案将使用灾难恢复(CDBG-DR)资金,以及其他公共和私营部门资金来实施。2014 年 6 月,经过为期一年的社区设计流程(其间设计团队会见了区域专家,包括政府实体、民选官员、相关组织、当地团体和个人),HUD 宣布了获奖提案。获奖项目之一为史坦顿(Staten)岛"有生命的防波堤"(Living Breakwaters)项目。它提出了一种分层防灾方法,通过防止海岸侵蚀,降低波浪能量,增强生态系统和社会复原力来促进降低风险。因此,纽约州已拨出 6000 万美元的 CDBG-DR 资金,以实施沿史坦顿岛南岸托特维尔(Tottenville)海岸线的"有生命的防波堤"项目。该项目采用生态增强的防波堤系统解决托特维尔的强浪和海岸线侵蚀问题,该项目还实现了纽约市沿海保护计划的一部分。

自 2015 年起,一个荷兰—印尼联合团队为应对北爪哇严重的海岸侵蚀问题,开始实施建设自然的印尼"Building with Nature Indonesia"项目。该项目旨在通过恢复红树林,结合小规模的"硬"工程和可持续的土地利用,建立稳定的海岸线,减少侵蚀风险。这样可避免中爪哇沿岸洪水和侵蚀进一步加剧,加强对沿海 70000 名弱势群体安全的保护,并为其提供可持续的经济发展。这项为期 5 年的计划将重点关注德马克(Demak)的海岸线。该解决方案增强了约 20km 饱受侵蚀的三角洲海岸线的复原力,将土木工程与红树林修复相结合,以建立安全和有适应力的海岸线,并引入可持续的土地利用。技术措施:通过使用渗透性消浪构筑物、泥沙养护以及恢复红树林来恢复沉积物平衡。社会经济措施:开发和引进可持续水产养殖和生计多样化(如海藻种植、虾、蟹养殖)。建造能够捕获沉积物的渗透性消浪构筑物,以作为红树林恢复的基础。

虽然全球已经有许多成功的方案,但由于生态系统的复杂性和各地区审美的差异,生态海岸建设仍然是复杂的、长期的任务,需要继续探索。

1.3　本书的主要内容

本书结合工程实例,综合分析了生态海岸建设在国内外工程中的具体应用,对不同地区的生态海岸建设采用的不同建设方案以及具体的工程应用进行了详细描述,总结了生态海岸建设的研究历史与发展现状,阐述了生态海岸建设中的研究方法,采用了一种新三维地形扫描技术,可对试验地形进行大范围、精细化、快速度扫描,形成可视化结果。具体的生态海岸建设方法主要包括:

(1)海岸防护;

(2)人工沙滩;

(3)景观护岸;

(4)生态工程技术。

2　海 岸 防 护

在全球气候变化的大背景下,从 20 世纪中叶开始,海平面上升,岸线侵蚀后退,沙质海岸沙滩不断退化,海岸防护成为一个重要问题。对沙质海岸进行防护需要解决海洋水动力与沙滩之间的平衡:防护太强,海洋水动力减弱,沙质退化;防护不足,沙滩继续侵蚀。这里通过一个代表性工程的试验研究来探讨离岸堤这种具有生态功能的防护措施的功能。

2.1　项目介绍

拟建项目位于韩国江原道东南部,距三陟市约 7km,距离郁陵岛约 148km。该地区年平均降雨量为 1284.5mm,其中 50% 集中在 7 月和 8 月。年平均气温约 12℃,1 月平均气温比西海岸高 3.5℃。距离该项目约 3.5km 的河口处海岸线平坦。工程拟在平直海岸建设一座电厂配套码头,码头总体走向与岸线垂直,外海建设一座离岸式防波堤。防波堤与码头建设后,势必对岸滩演变和沿岸输沙构成影响。在波浪长期作用下,上下游岸线变化是必须予以关注的重点问题。

2.2　研究概况

当地沙滩的沙质虽良好,但面临着严重的侵蚀问题,多处沙滩常年处于侵蚀状态,有的受周边新建工程的影响,有的受波浪动力条件的长期作用岸线逐渐后退,对海滨旅游造成严重影响,引起了政府的高度重视。企业在进行沿海工程建设前,必须进行科研试验,论证工程建设对周边海岸的影响,利用设置离岸丁坝、潜堤等结构来治理海岸侵蚀。

物理模型试验研究旨在探讨防护建筑物建设后的海岸侵蚀变化情况,论证和优化保护方案,改善对沙滩运动的影响,为海岸防护提供科学依据。

2.3　海洋水动力条件

对工程海域多年的风和浪进行分析,统计不同季节和年的风、波浪分频分级如图 2-1 ~ 图 2-5 以及表 2-1 ~ 表 2-10。

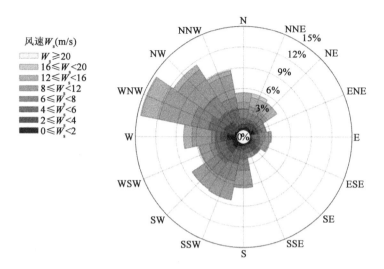

a)海区1—3月风玫瑰图

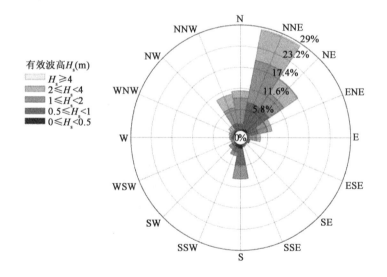

b)海区1—3月波高玫瑰图

图2-1 工程海区1—3月风、波玫瑰图

(常风向和强风向均为WNW向,常浪向和强浪向为NNE向)

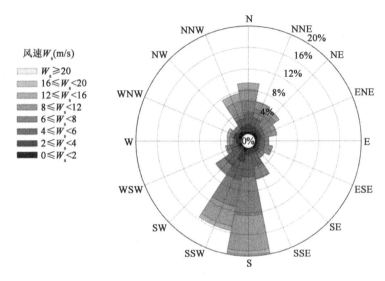

a)海区4—6月风玫瑰图

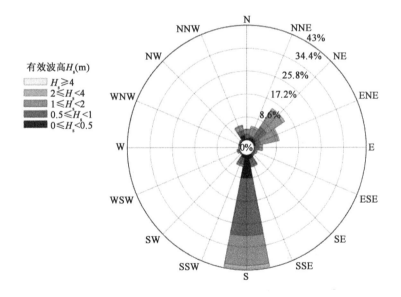

b)海区4—6月波高玫瑰图

图 2-2　工程海区 4—6 月风、波玫瑰图

(常风向和强风向集中在 S 和 SSW 向,常浪向和强浪向为 S 向)

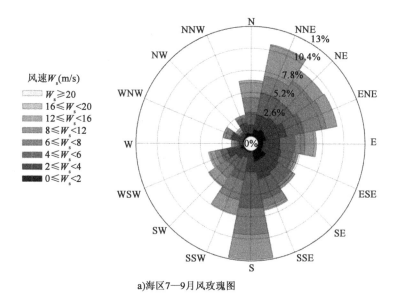

a)海区7—9月风玫瑰图

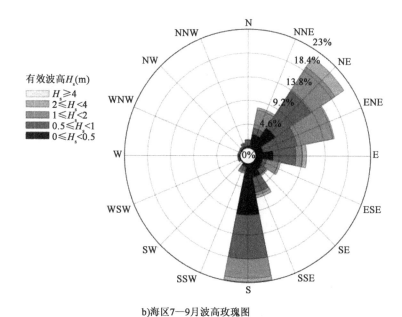

b)海区7—9月波高玫瑰图

图 2-3　工程海区 7—9 月风、波玫瑰图

(风向主要集中在 S 和 NNE 向,强风向为 NNE 向,浪向主要集中在 S 和 NE 向,强浪向为 NE 向)

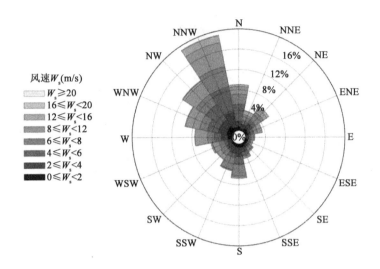

a)海区10—12月风玫瑰图

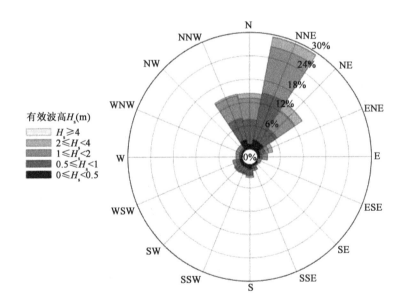

b)海区10—12月波高玫瑰图

图 2-4　海区 10—12 月风、波玫瑰图
（常风向和强风向集中在 NNW 向，常浪向和强浪向为 NNE 向）

8

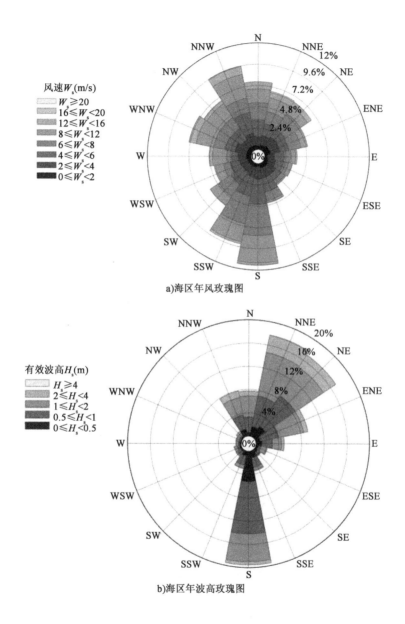

a)海区年风玫瑰图

b)海区年波高玫瑰图

图2-5 工程海区年风、波玫瑰图

(风向分布比较宽,主要集中在NNW和S向,N向风速较大;常浪向依次为S、NNE、NE,强浪向为NNE向)

表 2-1

工程海区 1—3 月风速分频分级统计表（单位:%）

风速 (m/s)	N	NNE	NE	ENE	E	ESE	SE	SSE	S	SSW	SW	WSW	W	WNW	NW	NNW	合计
0~2.0	0.28	0.41	0.28	0.68	0	0.28	0.28	0.14	0.28	0.41	0.83	0.69	1.38	0.28	0.14	0.28	6.64
2.0~4.0	0.55	0.69	0.97	0.55	0.28	0.55	1.11	0.55	0.55	0.55	0.97	0.97	0.97	1.66	1.52	0.41	12.85
4.0~6.0	0.83	0.41	0.41	0.55	1.11	0.69	0.41	0.71	1.38	1.94	1.8	1.66	0.83	2.35	1.66	2.49	19.23
6.0~8.0	1.38	0.97	0.97	0.69	0.83	0.41	0.14	0.69	1.66	2.63	2.07	0.83	0.55	2.63	2.90	1.66	21.02
8.0~12.0	0.97	0.97	0.69		0.55	0.83	0.14	0.01	2.49	2.77	2.49	1.52	2.90	4.84	4.56	3.32	29.05
12.0~16.0	1.38	1.38	1.66	0	0.41	0.14	0.01	0	0	0.01	0	0.14	1.24	2.63	0.83	0.55	10.38
16.0~20.0	0	0.55	0	0	0	0	0	0	0	0	0	0	0	0.14	0	0.14	0.83
≥20.0	0	0	0	0	0	0	0	0	0	0	0	0	0	0	0	0	0
合计	5.39	5.38	4.98	2.47	3.18	2.9	2.10	2.10	6.36	8.31	8.16	5.81	7.87	14.53	11.61	8.85	100.00

表 2-2

工程海区 1—3 月波浪分频分级统计表（单位:%）

H_s (m)	T_m (s)	N	NNE	NE	ENE	E	ESE	SE	SSE	S	SSW	SW	WSW	W	WNW	NW	NNW	合计
0~0.5	0~4.0	0	0	0	0	0	0	0	0	0	0.55	0	0	0	0	0	0	0.55
	4.0~8.0	0.14	0.42	0.55	0	0	0	0	0	0.97	0.14	0.14	0	0.14	0	0.28	0	2.78
	≥8.0	0	0	0	0	0	0	0	0	0	0	0	0	0	0	0	0	0

10

续上表

H_s(m)	T_m(s)	N	NNE	NE	ENE	E	ESE	SE	SSE	S	SSW	SW	WSW	W	WNW	NW	NNW	合计
0.5~1.0	0~4.0	0	0.28	0.28	0.41	0	0	0.14	0.41	0.14	1.11	0.28	0	0.14	0.14	0	0	3.33
	4.0~8.0	1.66	7.05	4.29	2.77	0.41	0.69	0	0	4.43	0.41	0.55	0	0.28	0.14	0	2.07	24.75
	≥8.0	0	0.14	2.63	0	0	0	0	0	0	0	0	0	0	0	0	0	2.77
1.0~2.0	0~4.0	0	0	0	0	0	0	0	0.14	0	0	0	0.14	0	0	0	0	0.28
	4.0~8.0	5.95	4.7	1.8	1.8	2.21	0	0.28	0.14	3.87	0.97	0.97	0.69	0.55	0.55	0.41	3.87	28.76
	≥8.0	1.24	7.05	3.32	0.97	0	0	0	0	0	0	0	0	0	0	0	0.55	13.13
2.0~4.0	0~4.0	0	0	0	0	0	0	0	0	0	0	0	0	0	0	0	0	0
	4.0~8.0	0	0.55	2.07	0.14	0.83	0	0	0	0	0	0	0	0	0.55	1.38	2.07	7.59
	≥8.0	1.94	7.88	2.77	1.11	0.28	0.14	0	0	0	0	0	0	0	0	0	1.66	15.78
≥4.0	0~4.0	0	0	0	0	0	0	0	0	0	0	0	0	0	0	0	0	0
	4.0~8.0	0	0	0	0	0	0	0	0	0	0	0	0	0	0	0	0	0
	≥8.0	0	0.28	0	0	0	0	0	0	0	0	0	0	0	0	0	0	0.28
合计		10.93	28.35	17.71	7.20	3.73	0.83	0.42	0.69	9.41	3.18	1.94	0.83	1.11	1.38	2.07	10.22	100.0

表 2-3

海区 4—6 月风速分频分级统计表（单位:%）

风速 (m/s)	风向 N	NNE	NE	ENE	E	ESE	SE	SSE	S	SSW	SW	WSW	W	WNW	NW	NNW	合计
0~2.0	0.27	0.41	0.55	0.41	0.27	0.27	0.27	0.02	0.14	0.55	0.14	0.41	0.02	0.55	0.68	0.41	5.37
2.0~4.0	1.51	1.10	0.68	0.82	0.55	0.55	0.82	0.96	1.10	2.05	0.68	0.41	0.96	0.82	0.27	1.10	14.38
4.0~6.0	1.92	1.51	0.82	0.68	0.96	1.10	0.55	2.60	4.11	3.42	3.29	1.37	0.41	0.14	0.41	1.37	24.66
6.0~8.0	2.47	1.78	2.74	1.51	0.68	1.23	0.82	2.19	7.12	5.07	1.78	0.68	0.27	0.55	0.68	0.68	30.25
8.0~12.0	2.05	1.23	0.96	0.82	0.15	0.27	0	0.15	6.44	3.70	0.27	0.27	0.68	0.27	0	2.60	19.86
12.0~16.0	1.23	0.14	0	0	0	0	0	0	0.68	0.82	0	0	0.41	0.55	0	1.51	5.34
16.0~20.0	0	0	0	0	0	0	0	0	0.14	0	0	0	0	0	0	0	0.14
≥20.0	0	0	0	0	0	0	0	0	0	0	0	0	0	0	0	0	0
合计	9.45	6.17	5.75	4.24	2.61	3.42	2.46	5.92	19.73	15.61	6.16	3.14	2.75	2.88	2.04	7.67	100.00

表 2-4

海区 4—6 月波浪分频分级统计表（单位:%）

H_s (m)	T_m (s)	N	NNE	NE	ENE	E	ESE	SE	SSE	S	SSW	SW	WSW	W	WNW	NW	NNW	合计
0~0.5	0~4.0	0.41	0.14	0.14	0.41	0	0	0	1.37	4.38	0.68	0	0	0	0	0	0.82	8.35
	4.0~8.0	0	0.41	0.96	0.14	0	0	0	0	4.10	0.27	0	0	0	0	0	0.96	6.84
	≥8.0	0	0.41	0	0	0	0	0	0	0	0	0	0	0	0	0	0	0.41

续上表

H_s (m)	T_m (s)	N	NNE	NE	ENE	E	ESE	SE	SSE	S	SSW	SW	WSW	W	WNW	NW	NNW	合计
0.5~1.0	0~4.0	1.64	0	0	0	0.27	0.14	0.27	1.92	6.43	0.68	0	0	0	0.14	0.27	0.68	12.44
	4.0~8.0	0.14	0.68	4.38	2.05	1.64	0.41	0.68	0.82	15.18	1.92	0.41	0.55	0	0	0	1.23	30.09
	≥8.0	0	0	0.96	0	0	0	0	0	0	0	0	0	0	0	0	0	0.96
1.0~2.0	0~4.0	0	0	0	0	0	0	0	0	0	0	0	0.14	0	0	0	0	0.14
	4.0~8.0	1.37	2.19	4.79	6.70	1.37	0.82	0	0.55	11.22	0.82	0	0.41	0.27	0.27	0.41	1.78	32.97
	≥8.0	0.27	0.82	2.60	0.15	0	0	0	0	0	0	0	0	0	0	0	0	3.84
2.0~4.0	0~4.0	0	0	0	0	0	0	0	0		0	0	0	0	0	0	0	0
	4.0~8.0	0.27	0.27	0.55	0.55	0	0	0	0	1.23	0	0	0	0	0	0	0.27	3.14
	≥8.0	0	0.41	0.41	0	0	0	0	0	0	0	0	0	0	0	0	0	0.82
≥4.0	0~4.0	0	0	0	0	0	0	0	0	0	0	0	0	0	0	0	0	0
	4.0~8.0	0	0	0	0	0	0	0	0	0	0	0	0	0	0	0	0	0
	≥8.0	0	0	0	0	0	0	0	0	0	0	0	0	0	0	0	0	0
合计		4.10	5.33	14.79	10.00	3.28	1.37	0.95	4.66	42.54	4.37	0.41	1.10	0.27	0.41	0.68	5.74	100.00

表2-5

海区7—9月风速分频分级统计表（单位:%）

风速（m/s）	N	NNE	NE	ENE	E	ESE	SE	SSE	S	SSW	SW	WSW	W	WNW	NW	NNW	合计
0~2.0	0.26	0.80	1.08	0.95	0.53	0.52	1.21	1.21	0	0.12	0.13	0.40	0	0.14	0.14	0.41	7.91
2.0~4.0	1.08	1.76	1.76	2.57	2.03	2.30	1.89	2.17	2.44	0.68	1.08	1.62	0.54	1.35	0.41	1.22	24.90
4.0~6.0	1.49	2.71	2.30	2.17	1.89	1.49	1.76	2.44	4.33	2.71	1.22	0.81	0.27	0.14	0.27	0.54	26.54
6.0~8.0	1.76	2.03	2.98	2.71	1.22	0.41	0.41	0.95	3.11	2.44	1.62	0.68	0.27	0.68	0	0.14	21.41
8.0~12.0	1.76	3.65	1.49	1.35	1.08	0.27	0.27	0.27	2.98	1.76	1.08	0.54	0.41	0.27	0.27	0.14	17.59
12.0~16.0	0.27	0.14	0	0	0.27	0	0	0.14	0	0	0	0.14	0	0	0.27	0.14	1.37
16.0~20.0	0	0	0	0	0	0	0	0	0	0	0.14	0.14	0	0	0	0	0.28
≥20.0	0	0	0	0	0	0	0	0	0	0	0	0	0	0	0	0	0
合计	6.62	11.09	9.61	9.75	7.02	4.99	5.54	7.18	12.86	7.72	5.27	4.33	1.49	2.58	1.36	2.59	100.00

表2-6

海区7—9月波浪分频分级统计表（单位:%）

H_s（m）	T_m（s）	N	NNE	NE	ENE	E	ESE	SE	SSE	S	SSW	SW	WSW	W	WNW	NW	NNW	合计
0~0.5	0~4.0	0.41	0.68	0.81	0.41	1.49	1.22	1.48	2.70	6.76	0.41	0	0.14	0.27	0	0.14	0.27	17.19
	4.0~8.0	0	2.03	3.65	1.08	1.89	0.14	0.14	0	3.11	0.14	0	0	0	0	0	0	12.18
	≥8.0	0	0	0.41	0	0	0	0	0	0	0	0	0	0	0	0	0	0.41

14

续上表

H_s (m)	T_m (s)	N	NNE	NE	ENE	E	ESE	SE	SSE	S	SSW	SW	WSW	W	WNW	NW	NNW	合计
0.5~1.0	0~4.0	0.41	0.14	0.95	0	0	0.14	0	1.08	3.65	0.27	0	0	0.14	0.27	0.14	0	7.19
	4.0~8.0	0.66	1.07	5.68	6.90	4.59	0.68	1.22	1.89	4.87	0.68	0.14	0.27	0	0.14	0.14	0.54	29.47
	≥8.0	0	0	2.03	0	0	0	0	0	0	0	0	0	0	0	0	0	2.03
1.0~2.0	0~4.0	0	0	0	0	0	0	0	0	0	0	0	0	0	0	0	0	0
	4.0~8.0	0.14	1.35	3.25	7.31	1.35	2.42	0	0.54	3.79	0.40	0	0.13	0.14	0	0.14	0.14	21.09
	≥8.0	0	2.30	2.44	0	0	0	0	0	0	0	0	0	0	0	0	0	4.74
2.0~4.0	0~4.0	0	0	0	0	0	0	0	0	0	0	0	0	0	0	0	0	0
	4.0~8.0	0	0.41	0.27	0.27	0.81	0.41	0.27	0.14	0.14	0	0	0	0	0	0	0.14	2.86
	≥8.0	0	0	1.89	0	0	0	0	0.41	0.54	0	0	0	0	0	0	0	2.84
≥4.0	0~4.0	0	0	0	0	0	0	0	0	0	0	0	0	0	0	0	0	0
	4.0~8.0	0	0	0	0	0	0	0	0	0	0	0	0	0	0	0	0	0
	≥8.0	0	0	0	0	0	0	0	0	0	0	0	0	0	0	0	0	0
合计		1.62	7.98	21.38	15.97	10.13	5.01	3.11	6.76	22.86	1.90	0.14	0.54	0.54	0.41	0.56	1.09	100.00

海区10—12月风速分频分级统计表（单位:%）

表2-7

风速（m/s）	N	NNE	NE	ENE	E	ESE	SE	SSE	S	SSW	SW	WSW	W	WNW	NW	NNW	合计
0~2.0	0.68	0.26	0.66	0.52	0	0.41	0.39	0.68	0.68	0.54	0.41	0.14	0.81	1.08	1.22	0.68	9.16
2.0~4.0	1.08	0.95	1.22	0.54	0.68	0.14	0.54	0.95	1.76	1.35	0.95	0.81	1.35	1.76	1.62	2.98	18.68
4.0~6.0	3.38	0.81	0.81	0.68	0.41	0.41	0.27	0.68	1.49	0.81	0.41	0.68	1.35	2.17	3.65	5.14	23.15
6.0~8.0	2.03	0.81	1.89	0.81	0.54	0.27	0.68	0.27	2.30	2.44	1.22	1.08	1.35	1.62	2.3	4.06	23.67
8.0~12.0	1.49	0.41	0.81	0.95	0.27	0.41	0.27	0.41	0.27	0.14	0.95	1.35	2.57	2.84	2.71	4.87	20.72
12.0~16.0	0.41	0.81	0.54	0	0	0	0	0	0.27	0.14	0	0.27	0	0.14	0.41	1.35	4.34
16.0~20.0	0	0	0	0	0	0	0	0	0	0	0	0	0	0	0.14	0.14	0.28
≥20.0	0	0	0	0	0	0	0	0	0	0	0	0	0	0	0	0	0
合计	9.07	4.05	5.93	3.50	1.90	1.64	2.15	2.99	6.77	5.42	3.94	4.33	7.43	9.61	12.05	19.22	100.00

海区10—12月波浪分频分级统计表（单位:%）

表2-8

H_s（m）	T_m（s）	N	NNE	NE	ENE	E	ESE	SE	SSE	S	SSW	SW	WSW	W	WNW	NW	NNW	合计
0~0.5	0~4.0	0.14	0.14	0	0	0.14	0.13	0.41	0.40	1.21	0.81	0.41	0.41	0.27	0.14	0.14	0.80	5.55
	4.0~8.0	1.08	2.30	2.30	0.68	0.41	0	0	0	0	0	0.41	0.27	0	0	0.14	1.62	9.21
	≥8.0	0	0	0	0	0	0	0	0	0	0	0	0	0	0	0	0	0

续上表

H_s(m)	T_m(s)	N	NNE	NE	ENE	E	ESE	SE	SSE	S	SSW	SW	WSW	W	WNW	NW	NNW	合计
0.5~1.0	0~4.0	0.41	0	0	0	0.14	0	0	0.41	1.49	1.49	1.22	0.81	0.27	0.41	0.41	0	7.06
	4.0~8.0	5.95	11.5	2.30	1.49	0.54	0	0	0.41	0	0.14	0.54	0.27	0.14	0.27	0.14	5.68	29.37
	≥8.0	0	0.81	2.03	0	0	0	0	0	0	0	0	0	0	0	0	0	2.84
1.0~2.0	0~4.0	0	0	0	0	0	0	0	0	0	0	0	0	0.14	0	0	0	0.14
	4.0~8.0	4.60	7.30	3.51	0.94	1.48	0.95	0.26	0.40	0.27	0.27	0.26	0.81	0.80	0.94	0.95	5.95	29.69
	≥8.0	0.95	4.87	2.03	0	0	0	0	0	0	0	0	0	0	0	0	0	7.85
2.0~4.0	0~4.0	0	0	0	0	0	0	0	0	0	0	0	0	0	0	0	0	0
	4.0~8.0	0.41	0	2.03	1.08	0	0	0	0.14	0.41	0	0	0	0	0	0	0.41	4.48
	≥8.0	0.81	2.44	0.14	0	0	0	0	0	0	0	0	0	0	0	0	0	3.39
≥4.0	0~4.0	0	0	0	0	0	0	0	0	0	0	0	0	0	0	0	0	0
	4.0~8.0	0	0	0	0	0	0	0	0	0	0	0	0	0	0	0	0	0
	≥8.0	0	0.14	0.14	0	0	0	0.14	0	0	0	0	0	0	0	0	0	0.42
合计		14.34	29.50	14.48	4.19	2.71	1.08	0.81	1.76	3.38	2.71	2.84	2.57	1.62	1.76	1.78	14.46	100.00

表 2-9

海区全年风速分频分级统计表（单位:%）

风速(m/s)	风向																合计
	N	NNE	NE	ENE	E	ESE	SE	SSE	S	SSW	SW	WSW	W	WNW	NW	NNW	
0~2.0	0.38	0.48	0.65	0.65	0.20	0.38	0.55	0.50	0.27	0.41	0.38	0.41	0.55	0.51	0.55	0.44	7.31
2.0~4.0	1.06	1.13	1.16	1.13	0.89	0.89	1.09	1.16	1.47	1.16	0.92	0.96	0.96	1.4	0.96	1.43	17.77
4.0~6.0	1.91	1.36	1.09	1.02	1.09	0.92	0.75	1.60	2.83	2.22	1.67	1.13	0.72	1.19	1.5	2.39	23.39
6.0~8.0	1.91	1.4	2.15	1.43	0.82	0.58	0.51	1.02	3.55	3.14	1.67	0.82	0.61	1.36	1.47	1.64	24.08
8.0~12.0	1.57	1.57	0.99	0.78	0.51	0.44	0.17	0.20	3.04	2.08	1.19	0.92	1.64	2.05	1.88	2.73	21.76
12.0~16.0	0.82	0.61	0.55	0	0.17	0.03	0	0.03	0.24	0.24	0	0.14	0.41	0.82	0.38	0.89	5.33
16.0~20.0	0	0.14	0	0	0	0	0	0	0.03	0	0.03	0.03	0	0.03	0.03	0.07	0.36
≥20.0	0	0	0	0	0	0	0	0	0	0	0	0	0	0	0	0	0
合计	7.65	6.69	6.59	5.02	3.68	3.24	3.07	4.51	11.43	9.25	5.86	4.41	4.89	7.36	6.77	9.59	100.00

表 2-10

海区全年波浪分频分级统计表（单位:%）

H_s(m)	T_m(s)	N	NNE	NE	ENE	E	ESE	SE	SSE	S	SSW	SW	WSW	W	WNW	NW	NNW	合计
0~0.5	0~4.0	0.24	0.24	0.24	0.20	0.41	0.34	0.48	1.13	3.10	0.61	0.10	0.14	0.14	0.03	0.07	0.48	7.95
	4.0~8.0	0.32	1.30	1.88	0.49	0.58	0.04	0.03	0	2.05	0.14	0.14	0.07	0.03	0	0.10	0.65	7.82
	≥8.0	0	0.10	0.10	0	0	0	0	0	0	0	0	0	0	0	0	0	0.20

续上表

H_s (m)	T_m (s)	N	NNE	NE	ENE	E	ESE	SE	SSE	S	SSW	SW	WSW	W	WNW	NW	NNW	合计
0.5~1.0	0~4.0	0.61	0.10	0.31	0.10	0.10	0.07	0.10	0.95	2.93	0.89	0.38	0.20	0.14	0.24	0.20	0.17	7.49
	4.0~8.0	2.11	5.08	4.16	3.31	1.81	0.44	0.48	0.78	6.11	0.78	0.41	0.27	0.10	0.14	0.07	2.39	28.44
	≥8.0	0	0.24	1.91	0	0	0	0	0	0	0	0	0	0	0	0	0	2.15
1.0~2.0	0~4.0	0	0	0	0	0	0	0	0.03	0	0	0	0.07	0.03	0	0	0	0.13
	4.0~8.0	3.00	3.89	3.34	4.20	1.60	1.06	0.14	0.41	4.77	0.61	0.31	0.51	0.44	0.44	0.48	2.93	28.13
	≥8.0	0.61	3.75	2.59	0.27	0	0	0	0	0	0	0	0	0	0	0	0.14	7.36
2.0~4.0	0~4.0	0	0	0	0	0	0	0	0	0	0	0	0	0	0	0	0	0
	4.0~8.0	0.17	0.31	1.23	0.51	0.41	0.10	0.07	0.07	0.44	0	0	0	0	0.14	0.34	0.72	4.51
	≥8.0	0.68	2.66	1.30	0.27	0.07	0.03	0	0.10	0.14	0	0	0	0	0	0	0.41	5.66
≥4.0	0~4.0	0	0	0	0	0	0	0	0	0	0	0	0	0	0	0	0	0
	4.0~8.0	0	0	0	0	0	0	0	0	0	0	0	0	0	0	0	0	0
	≥8.0	0	0.1	0.03	0	0	0	0.03	0	0	0	0	0	0	0	0	0	0.16
合计		7.74	17.77	17.09	9.35	4.98	2.08	1.33	3.47	19.54	3.03	1.34	1.26	0.88	0.99	1.26	7.89	100.00

2.4　试验条件

2.4.1　试验研究设定方案

共有 4 个试验方案。方案 1 是自然情况,即沙滩没有任何建筑物,如图 2-6 所示。

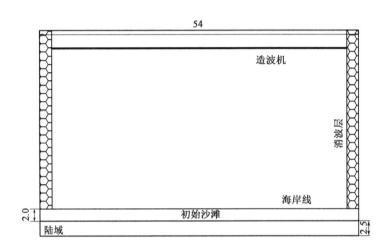

图 2-6　方案 1(尺寸单位:m)

方案 2A 是电厂防波堤和码头建设后的状态,如图 2-7 所示。

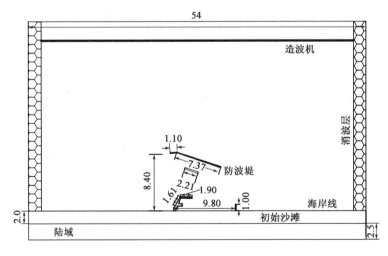

图 2-7　方案 2A(尺寸单位:m)

方案 2B 是在防波堤和码头建设后,再增加 L 形丁坝,如图 2-8 所示。

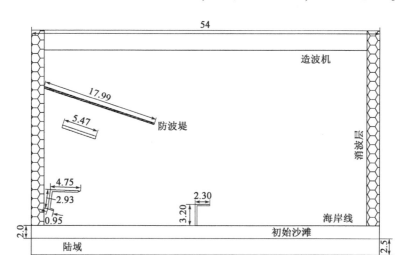

图 2-8 方案 2B(尺寸单位:m)

方案 3 是在方案 2B 的基础上,增加了更多结构,例如 L 形丁坝、Y 形丁坝、i 形丁坝和一些淹没式防波堤(标号为 SB1,SB3-6,SB2N-25),以及一些允许溢流的防波堤(标号为 EB1-3、PDB2A-2B),如图 2-9 所示。

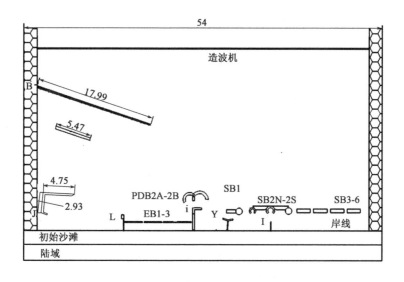

图 2-9 方案 3(尺寸单位:m)

2.4.2 地形

测量和图表的水深采用现场测量(1：2000)数据。模型中的地形控制高程点间隔为模型值1.2m(原型中为96m)。

2.4.3 水位

试验水位为+0.35m。

2.4.4 波浪条件

测试波浪条件分为常年浪、冬季波浪和夏季波浪三个波向,见表2-11。

波浪条件 表2-11

潮　位	波　　向	波高(m)	周期(s)	谱
DL(+)0.35m	常年浪	4.65	10.73	B-M
	冬季(NNE)	6.24	11.43	B-M
	夏季(SE)	6.24	11.43	B-M

注:表中为有效波高和B-M谱周期。

2.5 试验方法

2.5.1 模型设置

在重力相似准则下设计了三维动床物理模型试验。

$$\lambda_t = \lambda^{1/2} \tag{2-1}$$

$$\lambda_F = \lambda^3 \tag{2-2}$$

$$\lambda_q = \lambda^{3/2} \tag{2-3}$$

$$\lambda_V = \lambda^{1/2} \tag{2-4}$$

式中:λ_t、λ_F、λ_q、λ_V——分别代表长度比尺、时间比尺、功率比尺、单位宽度流量比尺、速度比尺。

根据3D动床模拟区域的范围和试验水池的尺寸(60m×40m,图2-10),选择模型比尺λ=1：80,平面尺度、水深尺度和波浪高度尺也是1：80,波周期比尺为(1：80)$^{1/2}$,见表2-12。模型范围原型长约4320m,宽约2720m,包括已有的沙滩,一些岩石海岸和拟试验研究的沙滩段。模型中包括三个波浪方向,常年浪向、冬季浪向和夏季浪向。

模型比尺($\lambda = 80$)　　　　　　　　　　　表 2-12

项　　目	符　号	比　尺	
长度(m)	L_λ	L_λ	$1:80$
深度(m)	h_λ	L_λ	$1:80$
波高(m)	H_λ	L_λ	$1:80$
波长(m)	λ_λ	L_λ	$1:80$
波周期(s)	T_λ	$L_\lambda^{1/2}$	$(1:80)^{1/2}$

图 2-10　3D 动床物理模型

动床区域从 $-18\mathrm{m}$ 等深线覆盖到海岸线,长度为 50m,宽度为 12m(模拟值)。

2.5.2　模型布置

首先,制作定床的模型。根据测深图表和回填的沙子制作高程点,再使用水泥磨平。完成定床后,再制作 3D 动床区。与上述相同,首先制作海滩剖面和海岸线控制点的高程点。高程与水平控制,偏差在 $\pm 1\mathrm{mm}$ 之内。各方案的最终模型如图 2-11 所示。当每个方案试验完成后,海滩轮廓都会进行恢复,如图 2-12 ~ 图 2-14 所示。

在试验过程中,我们使用波高传感器的数据来验证波浪参数,并得到试验域中的波浪场分布,分析结构物对沙滩的掩护作用,使用 3D 扫描仪测量海岸线变化,使用 Vectrino(小威龙)测量关注点处的流速。此外,色砂和染料图像捕捉也用于捕捉测量点处的流速变化趋势。

图 2-11 方案 1 最终模型

图 2-12 方案 2A 最终模型

图 2-13　方案 2B 最终模型

图 2-14　方案 3 最终模型

2.6　试验设备

2.6.1　泥沙

根据我们的项目经验和业主的需求选择模型中使用的模型沙的中值粒径约为 125μm，即 0.125mm，干密度为 2.65g/cm³。

沙子由远离试验室的工厂制造并通过载货汽车运输。载货汽车最大装载量为 95t，一袋约 50kg。

2.6.2　造波机

试验波浪条件由 RBM 218 型不规则波造波系统模拟。该造波机系统由造波板、伺服电机、服务器、控制计算机等组成,如图 2-15 所示。造波机的能力如下:

最大水深:0.60m。波高范围:0 ~ 20cm。波浪周期范围:0.5 ~ 2.5s。

图 2-15　不规则波造波机

2.6.3　波高测量系统

波高测量采用 SG2008 系统,用于电容式波高(液位)传感器的采集与分析,波高测量范围 0.1 ~ 40cm,精度:测量值的 ±0.5%,采样率(输出)为 1 ~ 200Hz。

2.6.4　流速测量

Vectrino"小威龙"用于流速测量,采用声学多普勒测量原理,可保证数据采集准确。测量范围:±0.01m/s、0.1m/s、0.3m/s、1m/s、2m/s、4m/s 可调。

测量精度:观察值的 ±0.5% ±1mm/s。

采样频率:1 ~ 25Hz。

2.6.5　3D 扫描仪

激光扫描是一项相对较新的技术,正在迅速成为新的行业标准,是在复杂环境中进行非常精确测量的一种方法。该技术是测量相对较大区域的水深测量的最佳解决方案。该仪器以每秒50000点的速度采集调查数据点。它的有效范围为400′~500′。设备如图2-16所示。基于采集数据,可以分析试验前后的海岸变化情况。

图 2-16　3D 扫描仪

Trimble RealWorks 是一种软件工具,用于可视化和探索激光扫描技术获取的竣工数据,如图 2-17 所示。通常,这样的数据集包含 3D 点云和可选的 2D 图像集合。此软件工具允许根据需要加载任意数量的点云。点云的每个点不仅可以包含其 3D 坐标,还可以包含其他属性,如强度和曲面法线。可以以 3D 形式可视化点云,旋转、平移或放大/缩小,以便详细浏览。还可以将 3D 点云与 2D 图像(如果可用)进行比较,将图像关联到 3D 点云后,可以将两个数据集同时可视化,并生成图片。

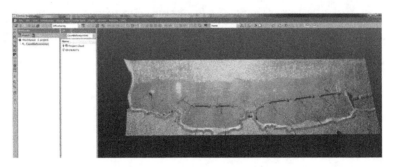

图 2-17　模型可视化

2.7　结果分析

2.7.1　方案 1(现状)

在海岸线现状情况下且建筑物均不设置时进行试验。

(1)波高结果

方案 1 模型试验中设置了 15 个波高测量传感器,从左到右编号依次为 1 ~ 15(图 2-18)。波高的测量结果见表 2-13。

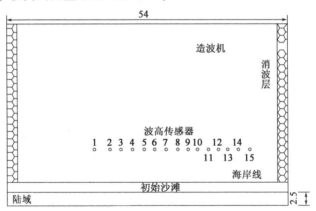

图 2-18　波高测量仪位置(尺寸单位:m)

方案 1 波高结果(单位:m)　　　　　　　　　　　　　　　　表 2-13

仪器编号	有效波高	仪器编号	有效波高	仪器编号	有效波高
1	6.45	6	5.49	11	5.83
2	5.26	7	6.96	12	5.19
3	5.74	8	6.66	13	5.27
4	5.31	9	5.76	14	6.10
5	5.49	10	6.26	15	5.94

（2）试验结果

使用 3D 激光扫描仪在方案 1 试验前和试验后进行地形扫描,扫描结果如图 2-19 所示。可以看出,前后结果之间的侵蚀和沉积的变化并不那么明显,等高线图如图 2-20 所示。

图 2-19　方案 1 扫描结果

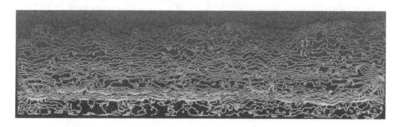

图 2-20　方案 1 扫描等高线

2.7.2　方案 2A

（1）波高结果

电厂防波堤和码头建设后,在方案 2A 的模型试验中设置了 15 个波高传感器(与方案 1 位置相同),编号从左到右为 1 ~ 15。波高的测量结果见表 2-14。

方案 2A 的波高结果(单位:m)　　　　　　　　　　表 2-14

仪器编号	有效波高	仪器编号	有效波高	仪器编号	有效波高
1	6.45	6	5.49	11	5.83
2	5.26	7	6.96	12	5.19
3	5.74	8	6.66	13	5.27
4	5.31	9	5.76	14	6.10
5	5.49	10	6.26	15	5.94

（2）试验结果

试验中,使用 3D 激光扫描仪在方案 2A 试验前和试验后进行地形扫描。在试验前进行扫描,并分别在波浪作用 2h、6h、12h、18h、24h、29h、34h 和 40h 后进行扫描。等高线图见图 2-21。可以看出,试验前后的侵蚀和沉积有明显的变化。在 40h 波浪作用后,海岸线已达到动态稳定状态。

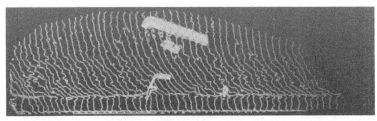

a) 方案2A 等高线分布图(试验2h后)

b) 方案2A 等高线分布图 (试验24h后)

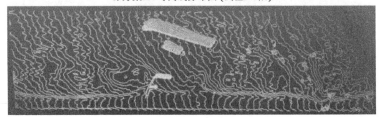

c) 方案2A 等高线分布图 (试验40h后)

图 2-21　方案 2A 试验后等高线图(常年浪向作用)

所有试验都完成后,对海岸线的变化情况进行测量。图 2-22 中的黑色线表示试验后的海岸线。

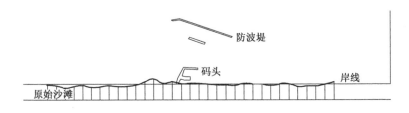

图 2-22　方案 2A 的海岸线变化

2.7.3 方案2B

（1）波高结果

电厂防波堤和码头建设后,在方案2B的模型试验中设置了15个波高传感器(与方案1位置相同),编号从左到右为1~15。波高的测量结果见表2-15。

方案2B的波高结果(单位:m)　　　　　　　　　　表2-15

仪器编号	有效波高	仪器编号	有效波高	仪器编号	有效波高
1	6.45	6	5.49	11	5.83
2	5.26	7	6.96	12	5.19
3	5.74	8	6.66	13	5.27
4	5.31	9	5.76	14	6.10
5	5.49	10	6.26	15	5.94

（2）试验结果

试验中,使用3D激光扫描仪在方案2B试验前和试验后进行地形扫描。在试验前进行扫描,并分别在波浪作用4h、6h、10h、16h、22h和26h后进行扫描。等高线图见图2-23。可以看出,试验前后的侵蚀和沉积有明显的变化。在26h波浪作用后,海岸线已达到动态稳定状态。

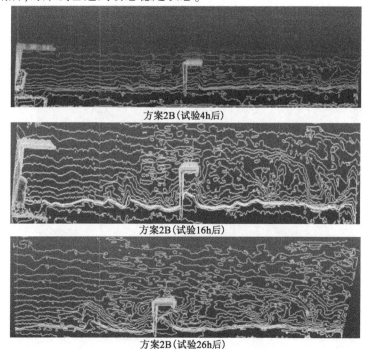

方案2B(试验4h后)

方案2B(试验16h后)

方案2B(试验26h后)

图2-23　方案2B试验后等高线图(常年浪向作用)

2.7.4 方案3

方案3试验共三个波向,为常年波向、冬季波向和夏季波向,见图2-24,由于篇幅有限,在本书中只给出了常年浪向作用下的试验结果。方案3的模型图如图2-25所示。

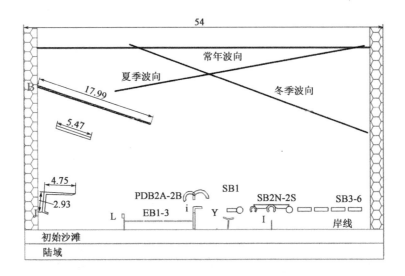

图2-24 方案3的试验波向(尺寸单位:m)

图2-25 方案3的模型图

(1)波高结果

电厂防波堤和码头建设后,在方案3的模型试验中设置了15个波高传感器,编号从左到右依次为1~15。波高的测量结果见表2-16。

方案 3 的波高结果（单位：m）

表 2-16

仪器编号	有效波高	仪器编号	有效波高	仪器编号	有效波高
1	6.45	6	5.49	11	5.83
2	5.26	7	6.96	12	5.19
3	5.74	8	6.66	13	5.27
4	5.31	9	5.76	14	6.10
5	5.49	10	6.26	15	5.94

（2）试验结果

试验中，使用 3D 激光扫描仪在方案 3 试验前和试验后进行地形扫描。在试验前进行扫描，并在波浪作用 3h 后进行扫描，见图 2-26。可以看出，试验前后的侵蚀和沉积有明显的变化。等高线图见图 2-27。

a）方案3（试验前）

b）方案3（试验后）

图 2-26　方案 3 试验前和试验后的扫描结果

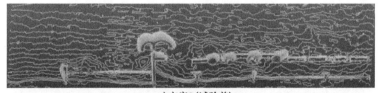

a）方案3（试验前）

b）方案3（试验后）

图 2-27　方案 3 试验前和试验后的等高线图

2.8 小结

本章采用3D动床试验研究了不同波浪条件下海岸线的侵蚀和沉积情况，结论如下：

（1）方案1试验前后的情况几乎相同，差别不大。当方案2中增加了保护结构时，海滩的侵蚀得到了有效改善。

（2）进一步增加海岸防护结构后，方案3试验的情况最好，海滩和海岸线的地形变化不大。方案3中的保护结构有效地降低了波浪高度，并且还减少了泥沙返回海洋的趋势。

（3）随着波浪作用时间的增长，地形变化更加明显。在12h作用后的结果中侵蚀和沉积区域更加清晰。

3　人工沙滩

生态海岸除了自身的生态性,还有为人民服务的功能性。人工沙滩提供了水陆交接的亲水环境,是公认的人工生态型海岸。人工沙滩通过人工补沙解决沙源的问题,但同时面临着诸多问题,如沙滩侵蚀造成的补沙量巨大,沿岸输沙造成的沙滩形态大变化,动力不足造成的沙滩泥化等。这里利用一个具有代表性的工程案例,来说明怎么构建一个生态型的人工沙滩。

3.1　项目介绍

项目位于斯里兰卡首都科伦坡,西临拉克代夫海,南连印度洋,濒临印度洋北侧。

拟规划建设的填海造地面积达 200hm²,区内功能规划将融合商业、旅游、休闲、文化、居住等功能于一体。工程规划示意图见图 3-1。从图 3-1 可知,工程区域的沙滩受到外围防波堤的掩护,沙滩后方为护岸结构,沙滩、防波堤和护岸将形成生态型海岸结构。

图 3-1　工程规划示意图

3.2　研究概况

工程建成后周围海域波浪、泥沙以及铺砂特性等因素相互影响,可能造成人工沙滩剖面的变形、侵蚀、失稳等。为了保证工程建设后人工沙滩剖面的稳定和减小滩沙的流逝,并配合工程方案设计,需测定设计方案中沙滩坡度在波浪作用下的冲刷对其滩面的影响,研究堤后沙滩在波浪作用下的稳定性,为工程提供科学依据。

本次试验研究的内容包括：

(1)研究不同水位条件和不同重现期波浪要素时,沙滩在堤后次生波作用下的稳定性;

(2)与防波堤、护岸断面物理模型试验进行配合,找到最佳的方案组合。

3.3　海洋水动力条件

对工程海域多年的风和浪进行分析,统计不同季节和年的风、波浪分频分级见图 3-2～图 3-6、表 3-1～表 3-10。

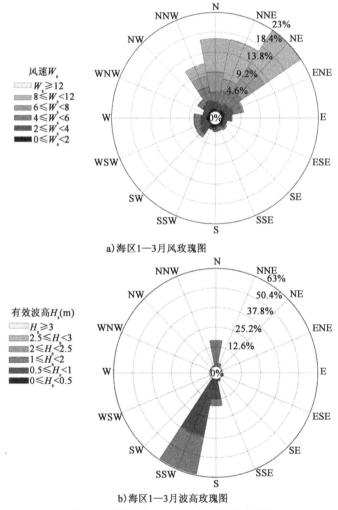

a)海区1—3月风玫瑰图

b)海区1—3月波高玫瑰图

图 3-2　工程海区 1—3 月风玫瑰图、波玫瑰图

(常风向为 NE 向,强风向为 NNE 向,常浪向和强浪向为 SSW 向)

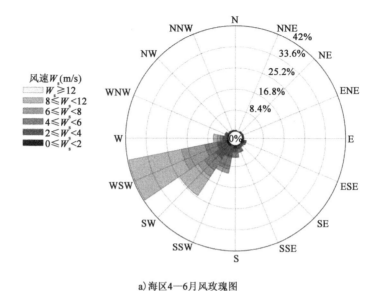

a) 海区4—6月风玫瑰图

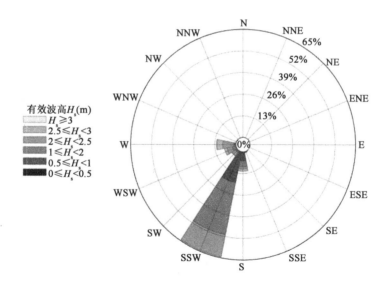

b) 海区4—6月波高玫瑰图

图 3-3　工程海区 4—6 月风玫瑰图、波玫瑰图

(常风向和强风向为 WSW 向,常浪向和强浪向为 SSW 向)

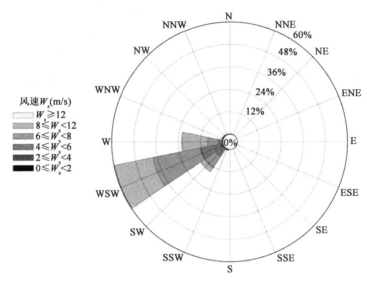

a) 海区7—9月风玫瑰图

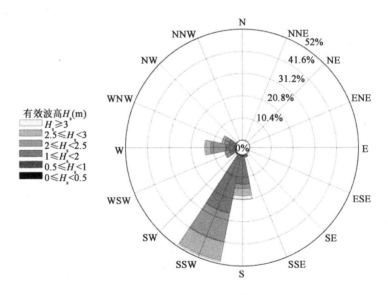

b) 海区7—9月波高玫瑰图

图3-4　工程海区7—9月风玫瑰图、波玫瑰图

（常风向和强风向为 WSW 向，常浪向和强浪向为 SSW 向）

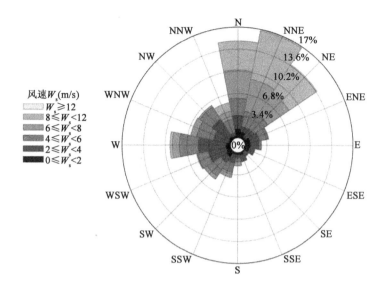

a)海区10—12月风玫瑰图

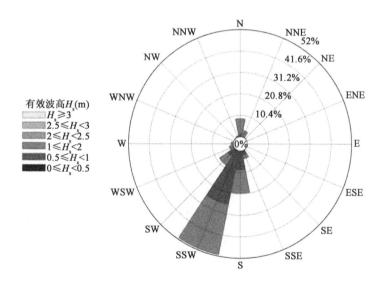

b)海区10—12月波玫瑰图

图3-5　工程海区10—12月风玫瑰图、波玫瑰图

（常风向和强风向集中在 NNE 向，常浪向和强浪向为 SSW 向）

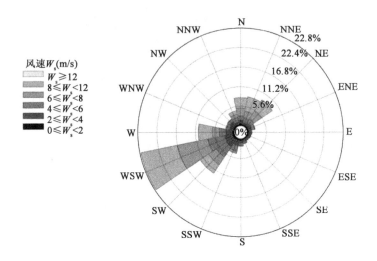

a)海区年风玫瑰图

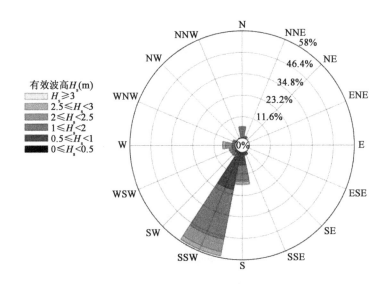

b)海区年波高玫瑰图

图 3-6　工程海区年玫瑰图、波玫瑰图
（常风向和强风向为 WSW 向, 常浪向和强浪向为 SSW 向）

表 3-1

工程海区 1—3 月风速分频分级统计表（单位:%）

风速（m/s）	N	NNE	NE	ENE	E	ESE	SE	SSE	S	SSW	SW	WSW	W	WNW	NW	NNW	合计
0~2.0	0.55	0	0.69	0.69	0.55	0.41	0.69	0.28	0.56	0.69	0.14	0.28	0.55	0.28	0.28	0.55	7.19
2.0~4.0	1.66	1.80	1.66	2.07	1.66	0.83	0.56	0.41	0.69	0.55	2.77	1.94	1.38	1.11	1.94	2.07	23.10
4.0~6.0	2.21	3.18	3.73	2.22	0.28	0.14	0.55	0.83	0.41	0	0.97	1.38	1.52	0.14	1.24	3.32	22.12
6.0~8.0	4.70	2.77	6.50	0.41	0	0	0	0	0	0	0	0.14	0.14	0	0.14	2.49	17.29
8.0~12.0	7.75	9.27	10.24	0	0	0	0	0	0	0	0	0	0	0	0	2.90	30.16
≥12.0	0	0.14	0	0	0	0	0	0	0	0	0	0	0	0	0	0	0.14
合计	16.87	17.16	22.82	5.39	2.49	1.38	1.8	1.52	1.66	1.24	3.88	3.74	3.59	1.53	3.60	11.33	100.0

表 3-2

工程海区 1—3 月波浪分频分级统计表（单位:%）

H_s（m）	T_m（s）	N	NNE	NE	ENE	E	ESE	SE	SSE	S	SSW	SW	WSW	W	WNW	NW	NNW	合计
0~0.5	0~4.0	0	0	0	0	0	0	0	0	0	0	0	0	0	0	0	0	0
	4.0~8.0	0	0	0	0	0	0	0	0	0	0	0	0	0	0	0	0	0
	8.0~12.0	0	0	0	0	0	0	0	0	0	0	0	0	0	0	0	0	0
	12.0~16.0	0	0	0	0	0	0	0	0	0	0	0	0	0	0	0	0	0
	≥16.0	0	0	0	0	0	0	0	0	0	0	0	0	0	0	0	0	0
0.5~1.0	0~4.0	0.14	0	0	0	0	0	0	0	0	0	0	0	0	0	0	0.14	0.28
	4.0~8.0	0	0	0	0	0	0	0	1.24	10.79	3.32	0	0	0	0	0	0	15.35
	8.0~12.0	0	0	0	0	0	0	0	0	0	0	0	0	0	0	0	0	0

续上表

H_s (m)	T_m (s)	N	NNE	NE	ENE	E	ESE	SE	SSE	S	SSW	SW	WSW	W	WNW	NW	NNW	合计
0.5~1.0	12.0~16.0	0	0	0	0	0	0	0	0	1.66	28.49	0	0	0	0	0	0	30.15
	≥16.0	0	0	0	0	0	0	0	0	0	4.98	0	0	0	0	0	0	4.98
1.0~2.0	0~4.0	0	0	0	0	0	0	0	0	0	0	0	0	0	0	0	0	0
	4.0~8.0	16.74	2.21	0	0	0	0	0	0	0	0	0	0	0	0	0	0.42	19.37
	8.0~12.0	0	0	0	0	0	0	0	0	0.55	1.11	0	0	0	0	0	0	1.66
	12.0~16.0	0	0	0	0	0	0	0	0	4.01	21.02	0	0	0	0	0	0	25.03
	≥16.0	0	0	0	0	0	0	0	0	0	3.18	0	0	0	0	0	0	3.18
2.0~3.0	0~4.0	0	0	0	0	0	0	0	0	0	0	0	0	0	0	0	0	0
	4.0~8.0	0	0	0	0	0	0	0	0	0	0	0	0	0	0	0	0	0
	8.0~12.0	0	0	0	0	0	0	0	0	0	0	0	0	0	0	0	0	0
	12.0~16.0	0	0	0	0	0	0	0	0	0	0	0	0	0	0	0	0	0
	≥16.0	0	0	0	0	0	0	0	0	0	0	0	0	0	0	0	0	0
≥3.0	0~4.0	0	0	0	0	0	0	0	0	0	0	0	0	0	0	0	0	0
	4.0~8.0	0	0	0	0	0	0	0	0	0	0	0	0	0	0	0	0	0
	8.0~12.0	0	0	0	0	0	0	0	0	0	0	0	0	0	0	0	0	0
	12.0~16.0	0	0	0	0	0	0	0	0	0	0	0	0	0	0	0	0	0
	≥16.0	0	0	0	0	0	0	0	0	0	0	0	0	0	0	0	0	0
合计		16.88	2.21	0	0	0	0	0	1.24	17.01	62.10	0	0	0	0	0	0.55	100.00

表 3-3

工程海区 4—6 月风速分频分级统计表（单位：%）

风速（m/s）	风向																合计
---	N	NNE	NE	ENE	E	ESE	SE	SSE	S	SSW	SW	WSW	W	WNW	NW	NNW	
0~2.0	0.27	0	0.27	0.14	0.27	0.82	0.14	0.27	1.09	0.14	0.82	0.82	0.41	0.41	0.14	0.27	6.28
2.0~4.0	0.14	0	0.27	0.41	0.41	0.96	0.68	1.23	1.64	4.79	6.02	3.97	1.78	0.82	0.41	0.14	23.67
4.0~6.0	0	0.14	0	0.13	0	0	0.41	1.23	1.92	4.79	5.61	5.06	1.09	0.41	0.14	0.14	21.07
6.0~8.0	0	0	0	0	0	0	0.14	0.27	0.14	1.64	3.01	9.71	1.23	0	0	0	16.14
8.0~12.0	0	0	0	0	0	0	0	0	0	0	9.17	21.89	1.64	0	0	0	32.70
≥12.0	0	0	0	0	0	0	0	0	0	0	0	0.14	0	0	0	0	0.14
合计	0.41	0.14	0.54	0.68	0.68	1.78	1.37	3.00	4.79	11.36	24.63	41.59	6.15	1.64	0.69	0.55	100.00

表 3-4

工程海区 4—6 月波浪分频分级统计表（单位：%）

H_s（m）	T_m（s）	风向																合计
---	---	N	NNE	NE	ENE	E	ESE	SE	SSE	S	SSW	SW	WSW	W	WNW	NW	NNW	
0~0.5	0~4.0	0	0	0	0	0	0	0	0	0	0	0	0	0	0	0	0	0
	4.0~8.0	0	0	0	0	0	0	0	0	0	0	0	0	0	0	0	0	0
	8.0~12.0	0	0	0	0	0	0	0	0	0	0	0	0	0	0	0	0	0
	12.0~16.0	0	0	0	0	0	0	0	0	0	0	0	0	0	0	0	0	0
	≥16.0	0	0	0	0	0	0	0	0	0	0	0	0	0	0	0	0	0
0.5~1.0	0~4.0	0	0	0	0	0	0	0	0	0	0	0	0	0	0	0	0	0
	4.0~8.0	0	0	0	0	0	0	0	0.55	3.83	2.19	0	0	0	0	0	0	6.57
	8.0~12.0	0	0	0	0	0	0	0	0	0	0	0	0	0	0	0	0	

续上表

H_s(m)	T_m(s)	N	NNE	NE	ENE	E	ESE	SE	SSE	S	SSW	SW	WSW	W	WNW	NW	NNW	合计
0.5~1.0	12.0~16.0	0	0	0	0	0	0	0	0	1.50	13.13	0	0	0	0	0	0	14.63
	≥16.0	0	0	0	0	0	0	0	0	0	3.56	0	0	0	0	0	0	3.56
1.0~2.0	0~4.0	0	0	0	0	0	0	0	0	0	0	0	0	0	0	0	0	0
	4.0~8.0	0	0	0	0	0	0	0	0	0	0	0.14	1.37	0.96	0	0	0	2.47
	8.0~12.0	0	0	0	0	0	0	0	0	1.09	1.23	0.68	0.96	0.41	0	0	0	4.37
	12.0~16.0	0	0	0	0	0	0	0	0	2.05	21.61	0.41	0	0	0	0	0	24.07
	≥16.0	0	0	0	0	0	0	0	0	0.55	9.03	0	0	0	0	0	0	9.58
2.0~3.0	0~4.0	0	0	0	0	0	0	0	0	0	0	0	0	0	0	0	0	0
	4.0~8.0	0	0	0	0	0	0	0	0	0	0	0.41	4.38	7.11	0.14	0	0	12.04
	8.0~12.0	0	0	0	0	0	0	0	0	0.41	0.41	1.5	0.55	3.15	0	0	0	6.02
	12.0~16.0	0	0	0	0	0	0	0	0	1.50	8.48	0.83	0	0	0	0	0	10.81
	≥16.0	0	0	0	0	0	0	0	0	0.68	4.79	0	0	0	0	0	0	5.47
≥3.0	0~4.0	0	0	0	0	0	0	0	0	0	0	0	0	0	0	0	0	0
	4.0~8.0	0	0	0	0	0	0	0	0	0	0	0	0	0	0	0	0	0
	8.0~12.0	0	0	0	0	0	0	0	0	0	0	0	0	0.41	0	0	0	0.41
	12.0~16.0	0	0	0	0	0	0	0	0	0	0	0	0	0	0	0	0	0
	≥16.0	0	0	0	0	0	0	0	0	0	0	0	0	0	0	0	0	0
合计		0	0	0	0	0	0	0	0.55	11.61	64.43	3.97	7.26	12.04	0.14	0	0	100.00

表 3-5

工程海区 7—9 月风速分频分级统计表（单位：%）

风速(m/s)	风向																合计
	N	NNE	NE	ENE	E	ESE	SE	SSE	S	SSW	SW	WSW	W	WNW	NW	NNW	
0~2.0	0.13	0.14	0	0	0	0	0	0	0	0.13	0	0.14	0	0	0.27	0.14	0.94
2.0~4.0	0.14	0	0	0	0	0	0	0	0	0.14	0.40	1.08	0.27	0.27	0.27	0	2.57
4.0~6.0	0	0	0	0	0	0	0	0	0	0.27	5.01	11.50	2.30	0.27	0	0.14	19.49
6.0~8.0	0	0	0	0	0	0	0	0	0	0.14	7.31	25.71	5.68	0	0	0	38.84
8.0~12.0	0	0	0	0	0	0	0	0	0	0	2.57	21.24	13.67	0.27	0	0	37.75
≥12.0	0	0	0	0	0	0	0	0	0	0	0	0	0.41	0	0	0	0.41
合计	0.27	0.14	0	0	0	0	0	0	0	0.68	15.29	59.68	22.33	0.81	0.54	0.27	100.00

表 3-6

工程海区 7—9 月波浪分频分级统计表（单位：%）

H_s(m)	T_m(s)	N	NNE	NE	ENE	E	ESE	SE	SSE	S	SSW	SW	WSW	W	WNW	NW	NNW	合计
0~0.5	0~4.0	0	0	0	0	0	0	0	0	0	0	0	0	0	0	0	0	0
	4.0~8.0	0	0	0	0	0	0	0	0	0	0	0	0	0	0	0	0	0
	8.0~12.0	0	0	0	0	0	0	0	0	0	0	0	0	0	0	0	0	0
	12.0~16.0	0	0	0	0	0	0	0	0	0	0	0	0	0	0	0	0	0
	≥16.0	0	0	0	0	0	0	0	0	0	0	0	0	0	0	0	0	0
0.5~1.0	0~4.0	0	0	0	0	0	0	0	0	0.14	0	0	0	0	0	0	0	0.14
	4.0~8.0	0	0	0	0	0	0	0	0	0	0	0	0.14	0	0	0	0	0.14
	8.0~12.0	0	0	0	0	0	0	0	0	0	0	0	0	0	0	0	0	0

续上表

H_s (m)	T_m (s)	N	NNE	NE	ENE	E	ESE	SE	SSE	S	SSW	SW	WSW	W	WNW	NW	NNW	合计
0.5~1.0	12.0~16.0	0	0	0	0	0	0	0	0	0.41	0.14	0	0	0	0	0	0	0.55
	≥16.0	0	0	0	0	0	0	0	0	0.12	0.14	0	0	0	0	0	0	0.26
1.0~2.0	0~4.0	0	0	0	0	0	0	0	0	0	0	0	0	0	0	0	0	0
	4.0~8.0	0	0	0	0	0	0	0	0	0	0	0	2.30	3.92	3.11	0	0	9.33
	8.0~12.0	0	0	0	0	0	0	0	1.08	6.50	2.42	0.14	0.41	0.68	0	0	0	11.23
	12.0~16.0	0	0	0	0	0	0	0	0.14	4.87	17.05	0	0	0	0	0	0	22.06
	≥16.0	0	0	0	0	0	0	0	0	1.62	8.12	0.14	0	0	0	0	0	9.88
2.0~3.0	0~4.0	0	0	0	0	0	0	0	0	0	0	0	0	0	0	0	0	0
	4.0~8.0	0	0	0	0	0	0	0	0	0	0	0	0	7.17	3.11	0	0	10.28
	8.0~12.0	0	0	0	0	0	0	0	0	1.62	0.54	0.27	2.03	2.30	0.27	0	0	7.04
	12.0~16.0	0	0	0	0	0	0	0	0	2.71	13.12	0	0.27	0	0	0	0	16.10
	≥16.0	0	0	0	0	0	0	0	0	1.08	8.80	0	0	0	0	0	0	9.88
≥3.0	0~4.0	0	0	0	0	0	0	0	0	0	0	0	0	0	0	0	0	0
	4.0~8.0	0	0	0	0	0	0	0	0	0	0	0	0	0	0	0	0	0
	8.0~12.0	0	0	0	0	0	0	0	0	0	0.68	0	0	0.54	0.14	0	0	0.68
	12.0~16.0	0	0	0	0	0	0	0	0	0	0.68	0	0	0	0	0	0	0.68
	≥16.0	0	0	0	0	0	0	0	0	1.76	0	0	0	0	0	0	0	1.76
合计		0	0	0	0	0	0	0	1.22	20.83	51.01	0.55	5.15	14.61	6.63	0	0	100.00

工程海区10—12月风速分频分级统计表（单位：%）

表3-7

风速(m/s)	风向																合计
	N	NNE	NE	ENE	E	ESE	SE	SSE	S	SSW	SW	WSW	W	WNW	NW	NNW	
0~2.0	1.34	0.95	0.27	0.81	0.81	0.68	0.14	0.41	0.27	0.27	0.95	0.68	0.68	0.27	0.41	0.27	9.21
2.0~4.0	2.03	0.81	1.62	1.49	1.35	0.80	0.68	0.94	0.54	1.35	1.08	2.84	4.33	2.44	3.25	0.54	26.09
4.0~6.0	2.71	2.44	2.57	1.35	0.41	0.14	0.14	0.14	0.54	1.49	2.57	1.76	2.98	2.70	2.3	2.17	26.40
6.0~8.0	4.33	5.01	4.06	0.14	0	0	0	0	0.68	0.81	0.54	0.13	1.08	0.95	0.27	1.22	19.22
8.0~12.0	4.47	7.44	5.14	0	0	0	0	0	0	0	0	0	0.41	0	0	1.35	18.81
≥12.0	0	0.13	0.14	0	0	0	0	0	0	0	0	0	0	0	0	0	0.27
合计	14.88	16.78	13.80	3.79	2.57	1.62	0.95	1.49	2.03	3.92	5.14	5.41	9.48	6.36	6.23	5.55	100.00

工程海区10—12月波浪分频分级统计表（单位：%）

表3-8

H_s(m)	T_m(s)	N	NNE	NE	ENE	E	ESE	SE	SSE	S	SSW	SW	WSW	W	WNW	NW	NNW	合计
0~0.5	0~4.0	0	0	0	0	0	0	0	0	0	0	0	0	0	0	0	0	0
	4.0~8.0	0	0	0	0	0	0	0	0	0	0	0	0	0	0	0	0	0
	8.0~12.0	0	0	0	0	0	0	0	0	0	0	0	0	0	0	0	0	0
	12.0~16.0	0	0	0	0	0	0	0	0	0	0	0	0	0	0	0	0	0
	≥16.0	0	0	0	0	0	0	0	0	0	0	0	0	0	0	0	0	0
0.5~1.0	0~4.0	0	0	0	0	0	0	0	0	0	0	0	0	0	0	0	0	0
	4.0~8.0	1.08	0	0	0	0	0	0	0	0	0	0	0	0	0	0	0	1.08
	8.0~12.0	0	0	0	0	0	0	0	1.89	5.95	8.12	0.14	0	0	0	0	0	16.10

续上表

H_s(m)	T_m(s)	N	NNE	NE	ENE	E	ESE	SE	SSE	S	SSW	SW	WSW	W	WNW	NW	NNW	合计
0.5~1.0	12.0~16.0	0	0	0	0	0	0	0	0	2.71	16.91	3.65	0	0	0	0	0	23.27
	≥16.0	0	0	0	0	0	0	0	0	0.27	1.49	0	0	0	0	0	0	1.76
1.0~2.0	0~4.0	0	0	0	0	0	0	0	0	0	0	0	0	0	0	0	0	0
	4.0~8.0	7.58	3.11	0	0	0	0	0	0	0	0.14	1.89	1.08	1.09	0	0	0.54	15.43
	8.0~12.0	0	0	0	0	0	0	0	2.03	4.19	1.22	0	0.95	0	0	0	0	8.39
	12.0~16.0	0	0	0	0	0	0	0	0	6.90	20.84	2.30	0	0	0	0	0	30.04
	≥16.0	0	0	0	0	0	0	0	0	0.41	2.57	0.95	0	0	0	0	0	3.93
2.0~3.0	0~4.0	0	0	0	0	0	0	0	0	0	0	0	0	0	0	0	0	0
	4.0~8.0	0	0	0	0	0	0	0	0	0	0	0	0	0	0	0	0	0
	8.0~12.0	0	0	0	0	0	0	0	0	0	0	0	0	0	0	0	0	0
	12.0~16.0	0	0	0	0	0	0	0	0	0	0	0	0	0	0	0	0	0
	≥16.0	0	0	0	0	0	0	0	0	0	0	0	0	0	0	0	0	0
≥3.0	0~4.0	0	0	0	0	0	0	0	0	0	0	0	0	0	0	0	0	0
	4.0~8.0	0	0	0	0	0	0	0	0	0	0	0	0	0	0	0	0	0
	8.0~12.0	0	0	0	0	0	0	0	0	0	0	0	0	0	0	0	0	0
	12.0~16.0	0	0	0	0	0	0	0	0	0	0	0	0	0	0	0	0	0
	≥16.0	0	0	0	0	0	0	0	0	0	0	0	0	0	0	0	0	0
合计		8.66	3.11	0	0	0	0	0	3.92	20.43	51.29	8.93	2.03	1.09	0	0	0.54	100.00

工程海区全年风速分频分级统计表（单位:%）

表 3-9

风速(m/s)	风向																合计
	N	NNE	NE	ENE	E	ESE	SE	SSE	S	SSW	SW	WSW	W	WNW	NW	NNW	
0~2.0	0.57	0.27	0.30	0.41	0.41	0.48	0.24	0.24	0.48	0.31	0.48	0.48	0.41	0.24	0.27	0.31	5.90
2.0~4.0	0.99	0.65	0.89	0.99	0.85	0.64	0.48	0.64	0.72	1.71	2.56	2.46	1.94	1.16	1.47	0.68	18.83
4.0~6.0	1.23	1.43	1.57	0.92	0.17	0.07	0.27	0.55	0.71	1.63	3.55	4.95	1.98	0.89	0.92	1.43	22.27
6.0~8.0	2.25	1.94	2.63	0.14	0	0	0.03	0.07	0.20	0.65	2.73	8.97	2.05	0.24	0.10	0.92	22.92
8.0~12.0	3.04	4.16	3.82	0	0	0	0	0	0	0	2.92	10.81	3.96	0.07	0	1.06	29.84
≥12.0	0	0.08	0.03	0	0	0	0	0	0	0	0	0.03	0.10	0	0	0	0.24
合计	8.08	8.53	9.24	2.46	1.43	1.19	1.02	1.5	2.11	4.3	12.24	27.70	10.44	2.60	2.76	4.40	100.00

工程海区全年波浪分频分级统计表（单位:%）

表 3-10

H_s(m)	T_m(s)	N	NNE	NE	ENE	E	ESE	SE	SSE	S	SSW	SW	WSW	W	WNW	NW	NNW	合计
0~0.5	0~4.0	0	0	0	0	0	0	0	0	0	0	0	0	0	0	0	0	0
	4.0~8.0	0	0	0	0	0	0	0	0	0	0	0	0	0	0	0	0	0
	8.0~12.0	0	0	0	0	0	0	0	0	0	0	0	0	0	0	0	0	0
	12.0~16.0	0	0	0	0	0	0	0	0	0	0	0	0	0	0	0	0	0
	≥16.0	0	0	0	0	0	0	0	0	0	0	0	0	0	0	0	0	0
0.5~1.0	0~4.0	0.31	0	0	0	0	0	0	0	0	0.01	0	0.03	0	0	0	0.03	0.38
	4.0~8.0	0	0	0	0	0	0	0	0.92	5.16	3.41	0.03	0	0	0	0	0	9.52
	8.0~12.0																	

续上表

H_s(m)	T_m(s)	N	NNE	NE	ENE	E	ESE	SE	SSE	S	SSW	SW	WSW	W	WNW	NW	NNW	合计
0.5~1.0	12.0~16.0	0	0	0	0	0	0	0	0	1.57	14.6	0.92	0	0	0	0	0	17.09
	≥16.0	0	0	0	0	0	0	0	0	0.1	2.52	0	0	0.01	0	0	0	2.63
1.0~2.0	0~4.0	0	0	0	0	0	0	0	0	0	0	0	0	0	0	0	0	0
	4.0~8.0	6.04	1.33	0	0	0	0	0	0	0	0.03	0.51	1.20	1.50	0.78	0	0.24	11.63
	8.0~12.0	0	0	0	0	0	0	0	0.78	3.10	1.50	0.22	0.58	0.27	0	0	0	6.45
	12.0~16.0	0	0	0	0	0	0	0	0.03	4.47	20.12	0.69	0	0	0	0	0	25.31
	≥16.0	0	0	0	0	0	0	0	0	0.65	5.73	0.27	0	0	0	0	0	6.65
2.0~3.0	0~4.0	0	0	0	0	0	0	0	0	0	0	0	0	0	0	0	0	0
	4.0~8.0	0	0	0	0	0	0	0	0	0	0	0.10	1.09	3.58	0.82	0	0	5.59
	8.0~12.0	0	0	0	0	0	0	0	0	0.51	0.24	0.44	0.65	1.36	0.07	0	0	3.27
	12.0~16.0	0	0	0	0	0	0	0	0	1.06	5.42	0.20	0.07	0	0	0	0	6.75
	≥16.0	0	0	0	0	0	0	0	0	0.44	3.41	0	0	0	0	0	0	3.85
≥3.0	0~4.0	0	0	0	0	0	0	0	0	0	0	0	0	0	0	0	0	0
	4.0~8.0	0	0	0	0	0	0	0	0	0	0	0	0	0	0	0	0	0
	8.0~12.0	0	0	0	0	0	0	0	0	0	0	0	0	0.24	0.03	0	0	0.27
	12.0~16.0	0	0	0	0	0	0	0	0	0	0.17	0	0	0	0	0	0	0.17
	≥16.0	0	0	0	0	0	0	0	0	0.44	0	0	0	0	0	0	0	0.44
合计		6.35	1.33	0	0	0	0	0	1.73	17.5	57.16	3.38	3.62	6.96	1.70	0	0.27	100.00

3.4 试验研究条件

3.4.1 试验水位

沙滩稳定性试验时采用两个水位：100年一遇高水位（含SLR）及大潮平均高潮位（MHWS）水位。设计水位（CD-LWOST）如下：

（1）100年一遇高水位：2.0m（含SLR）；

（2）MHWS水位：0.7m。

3.4.2 波要素

试验波要素由设计院提供。由于防波堤前方水域水深较大，两个不同水位所对应的入射波要素取相同值。具体波要素见表3-11。

沙滩稳定性试验波浪要素（H、T_p） 表3-11

水　位	重现期(年)	$H_{13\%}$(m)	T_p(s)	作用时间(h)
100年一遇高水位（+2.0m）/MHWS水位（+0.7m）	2	3.5	10	3
		3.7	11,14	
		2.4	20	
	10	4.2	11,14	
		2.9	20	
	50	5.3	12,15	
		3.4	20	
	100	5.8	13,16	
		3.6	20	
	200	7.7	14,17	
		6.4	13,16	
		3.9	20	

3.4.3 泥沙粒径

工程现场填海用沙分为三层，各层沙的具体级配情况见表3-12。在物理模型试验中主要模拟表层的3-1层沙，其对应中值粒径为0.38mm。

沙的级配 表3-12

项目	0.25~2mm（%）	d_{10}（mm）	d_{30}（mm）	d_{50}（mm）	d_{60}（mm）	CC	CU
3-1层	71.30	0.12	0.28	0.38	0.47	1.39	3.92
3-2层	74.20	0.19	0.36	0.53	0.68	1.00	3.58
3-3层	63.30	0.17	0.36	0.6	0.80	0.95	4.71

3.4.4 沙滩稳定性分析

在天然情况下的海岸泥沙运动一般受制于波浪和潮流两方面的动力作用。靠近岸,波浪相对潮流而言占主导地位。因此近岸的泥沙运动多属于波浪作用下的泥沙运动。一般来说,近岸波浪的波峰线与海岸线平行时,产生泥沙向岸—离岸运动(泥沙横向运动);波峰线与海岸线斜交时,泥沙运动则具有横向运动分量和纵向运动分量(沿岸泥沙运动)。本工程的泥沙运动主要受到正向波浪作用下的堤后次生波的作用,所以泥沙运动主要为泥沙横向运动。

波浪由深水区向近岸传播时,由于水深不断变浅,而出现波浪的破碎。破波引起的泥沙横向移动比非破波引起的泥沙运动要复杂得多。海岸坡度和泥沙组成不同,由破波形成的海岸类型也不同。淤泥质海岸,一般坡度较缓(坡度1:500~1:2000),浅水海域宽阔,波浪在向岸传播过程中水深变化缓慢,破波多属于崩破波类型破碎(图3-7a),这种类型的破碎波浪对海底的冲击作用较为均匀,所以在剖面上不存在明显的沙坝深槽地貌。对于缺少泥沙来源的淤泥质海岸,剖面可能出现下蚀。

沙质海岸平均坡度较陡(一般1:100~1:5),波浪在向岸传播过程中,水深变化快,破波多属于卷破波(图3-7b)。在风浪作用下,整个波峰集中卷曲倾翻,将大量泥沙裹挟在破波带的水体内,部分泥沙随着返回水流带向海侧,形成沿岸的水下沙坝,水边线向岸侵入,称为侵蚀性剖面。在涌浪作用下,波陡较小,水下泥沙逐步被推向岸,形成滩肩,水边线向海方推进,称为堆积型剖面。介于侵蚀性和堆积型之间的剖面称为中性型剖面。

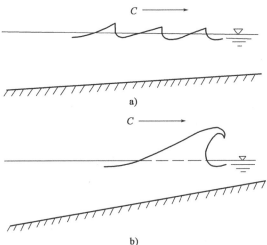

图3-7 破波类型

本次试验研究的对象属于沙质海岸,为防波堤后侧的沙滩剖面稳定性试验。结合波要素条件可知,工程海域的波浪周期较大,波陡较缓,作用在沙滩上的波浪具有涌浪的主要特性。

3.5 模型设计

3.5.1 相似准则

本物理模型试验的主要目的是研究并论证沙滩剖面的稳定性,为工程实施后的沙滩维护提供依据。鉴于前期分析,近岸泥沙运动的主要动力因素为波浪,沙滩在防波堤掩护之下,能够作用到沙岸上的波浪主要为堤后次生波,所以在模型中需要同时模拟出防波堤、沙滩、护岸等建筑物。根据工程水动力特点和泥沙特性,本物理模型需要满足波浪运动相似和波浪作用下泥沙运动相似等要求。《海岸与河口潮流泥沙模拟技术规程》(JTS/T 231—2—2010)对模型设计的规定如下:

(1)几何相似。

$$\lambda_1 = \frac{l_p}{l_m} \tag{3-1}$$

$$\lambda_h = \frac{h_p}{h_m} \tag{3-2}$$

(2)波浪运动相似(波浪传播速度相似)。

$$\lambda_C = \lambda_T = \lambda_h^{1/2} \tag{3-3}$$

(3)波浪对岸滩作用相似。

$$\lambda_{u_b} = \lambda_{v_1} = \lambda_h^{1/2} \tag{3-4}$$

(4)泥沙运动相似(泥沙起动相似)。

$$\lambda_{v_0} = \lambda_{u_b} \tag{3-5}$$

(5)床面冲淤变形相似(冲淤时间比尺)。

$$\lambda_{t_0} = \frac{\lambda_{r_0} \lambda_1^2 \lambda_h}{\lambda_{QT}} \tag{3-6}$$

式中:λ_1——平面比尺;

$\quad\;\; \lambda_{r_0}$——泥沙干容重比尺;

$\quad\;\; \lambda_h$——垂直比尺;

$\quad\;\; l_m$——模型长度;

$\quad\;\; l_p$——原型长度;

$\quad\;\; h_m$——模型深度;

h_p——原型深度;

λ_C——波浪传播速度比尺;

λ_T——波浪周期比尺;

λ_{u_b}——波浪底部水质点速度比尺;

λ_{v_1}——沿岸流速度比尺;

λ_{v_0}——泥沙起动速度比尺;

λ_{t_0}——冲淤时间比尺;

λ_{QT}——输沙量比尺。

本项目研究对象为波浪作用下沙滩稳定性,需要满足的控制条件为波浪作用下泥沙起动相似。根据《海岸工程》相关内容可以计算泥沙的起动波高:

$$H = M\left[\frac{L\mathrm{sh}(2kd)}{\pi g}\left(\frac{\gamma_s - \gamma}{\gamma}gD + \varepsilon_k\right)\right]^{0.5} \tag{3-7}$$

式中:H、L、d——分别代表波高、波长、水深;

$\quad\quad k$——波数;

$\quad\quad D$——泥沙粒径;

$\quad\quad \gamma_s$——泥沙干重度;

$\quad\quad \gamma$——水的重度;

$\quad\quad g$——重力加速度;

$\quad\quad M$——受泥沙因素及沙层渗流影响的系数,其经验表达式为 $M = 0.1\left(\frac{L}{D}\right)^{1/3}$;

$\quad\quad \varepsilon_k$——泥沙间黏结力作用,对于沙质海岸可不予考虑。本项目研究的为沙质海岸,所以:

$$H = M\left[\frac{L\mathrm{sh}(2kd)}{\pi g} \cdot \frac{\gamma_s - \gamma}{\gamma}gD\right]^{0.5} \tag{3-8}$$

由此可得满足起动相似的泥沙粒径比尺表达如下:

$$\lambda_D = \lambda_H^6 \lambda_d^{-5} \lambda_{\frac{\gamma_s - \gamma}{\gamma}}^3 \tag{3-9}$$

在满足泥沙起动的基础上分析冲淤相似,根据《波浪模型试验规程》(JTJ/T 234—2001)中规定,满足泥沙冲淤相似的沉降速度比尺可按式(3-10)计算:

$$\lambda_{\omega_s} = \frac{1}{\lambda_l}\lambda_h^{3/2} \tag{3-10}$$

由于本次试验采用的为正态模型,所以式(3-10)为:

$$\lambda_{\omega_s} = \lambda_l^{1/2} \tag{3-11}$$

其中原型沙的沉降速度可根据《泥沙手册》中推荐的天然砂沉降速度公式进行计算：

$$\omega = 6.77 \frac{\gamma_s - \gamma}{\gamma} D + \frac{\gamma_s - \gamma}{1.92\gamma}\left(\frac{T}{26} - 1\right)$$ (3-12)

式中：ω——沉降速度；

D——泥沙粒径(计算时采用中值粒径)；

T——温度，℃。

3.5.2 模型比尺及模型沙的选择

3.5.2.1 模型比尺的选择

根据《波浪模型试验规程》(JTJ 234—2001)和《海岸与河口潮流泥沙模拟技术规程》(JTS/T 231—2—2010)的相关规定选择模型比尺。根据工程区波浪、泥沙等自然条件和急待解决的工程问题，有针对性地确定模型比尺。本工程所面临和需要解决的问题为：波浪作用下的泥沙运动和沙滩剖面稳定性。所以本试验研究需要满足的主要相似律为：波浪运动相似和波浪作用下的泥沙起动相似和沉降相似。同时还应考虑以下条件的约束：

(1)工程区域范围及试验场地的大小、试验设备供给能力、测量精度；

(2)波浪入射波高不小于2cm；

(3)有利于模型沙选择以满足泥沙试验的要求。

由于原体波要素中最大的谱峰周期为20s，而模型中造波机模拟周期超过3s的波浪时波形会逐渐失真，所以在选择模型比尺时宜将模型中波浪的周期控制在3s以内。另外，在本模型中，泥沙运动的主要动力为波浪，即要求波浪的传播过程和破碎形态相似。所以综合上述各因素，确定采用正态模型，初步选定模型比尺为1：47。

3.5.2.2 模型沙的选择

在1：47的比尺条件下，选用密度约为1.4g/cm³的电木粉。根据波浪作用下泥沙起动相似条件，泥沙粒径比尺 $\lambda_D = 0.83$。根据前文现有泥沙资料可知，模拟滩沙的中值粒径约为0.38mm，所以模型中选用的电木粉中值粒径应该为0.46mm。选取试验室现有中值粒径为0.4~0.5mm电木粉(平均中值粒径约为0.44mm)，中值粒径与计算值略有差异。分别计算中值粒径为0.46mm和0.44mm电木粉在不同水深条件下的起动波高(模型值)，计算结果见表3-13。从原型沙和电木粉的起动波高计算结果看，选用中值粒径为0.44mm的电木粉模拟原型沙时起动波高的误差范围在5%之内，使用该粒径的电木粉模拟原型沙结果偏于安全。

不同水深条件下原型沙和电木粉起动波高　　　　　表 3-13

（原型 D_{50} =0.38mm）			水深 （cm）	周期 （s）	理论计算 （D_{50} = 0.46mm） 起动波高 （cm）	实际采用 （D_{50} = 0.44mm） 起动波高 （cm）	两种粒径 模型沙起 动波高误差 （%）
水深 （m）	周期 （s）	起动波高 （m）					
1.00	20.00	0.68	2.13	2.92	1.55	1.47	4.88
2.00	20.00	0.96	4.26	2.92	2.18	2.08	4.67
3.00	20.00	1.19	6.38	2.92	2.70	2.57	4.97
4.00	20.00	1.38	8.51	2.92	3.14	2.98	4.99
5.00	20.00	1.56	10.64	2.92	3.55	3.37	4.95

在满足泥沙起动相似要求的情况下，核算满足泥沙冲淤相似的泥沙沉降速度比尺。其中原型沙的沉降速度根据式（3-12）进行计算，得到其沉降速度为 4.3cm/s；模型沙的沉降速度根据试验室沉降筒试验测得，约为 0.8cm/s。泥沙的沉降速度比尺 λ_{ω_s} =5.4。

完全满足泥沙冲淤相似的沉降速度比尺，根据式（3-11）可得到理论计算值为 6.9，与实际采用的 λ_{ω_s} =5.4 接近。可认为该模型沙在满足泥沙起动相似的前提下，兼顾了泥沙沉降相似，可以模拟现场泥沙在波浪作用下的冲淤状态。最终确定模型比尺为 1：47。

3.6　模型制作、仪器设备与试验组次

3.6.1　模型制作

本模型模拟了防波堤至护岸之间的试验区，防波堤距离造波机 30m，模型布置见图 3-8。模型采用桩点法和断面法相结合的方法进行制作，平面尺寸及高程按几何相似原则制作。场地平面尺寸用全站仪测量，按 1.0m×1.0m 布设桩点，平面尺寸偏差控制在 1cm 以内；地形桩点高程用水准仪精确控制，偏差在 ±1mm 以内。模型定床部分填沙后用水泥沙浆抹平压光。防波堤和护岸结构按设计图纸进行制作，护面块体和堤心石重量误差控制在 5% 以内，其几何尺寸偏差控制在 ±1% 以内且不超过 ±5mm，防波堤高程用水准仪控制，偏差在 ±1mm 以内。

模型制作时分两部分进行，即动床区和定床区。动床区范围为防波堤与护岸之间的沙滩，按照设计图纸制作；定床区位防波堤外侧的海床。模型中设置了消波和导波设施，以消除不利于试验的波浪反射和扩散现象。

图 3-8 模型布置图

3.6.2 仪器设备

沙滩剖面稳定性试验拟在交通运输部天津水运工程科学研究院水工厅宽水槽(54.0m×13.2m×1.0m)内进行。模型造波时,由计算机根据输入的造波参数计算出目标波浪的板前波浪信号,并按一定算法将其转换成相当于造波板运动速度和位置的数据,输入 D/A 转换器中。D/A 转换器将数字量信号转换为伺服驱动器所需要的模拟电压信号,由伺服驱动器输出脉冲信号控制伺服电机的转速和转动的角度。通过滚珠丝杠副驱动直线运动单元带动推波板在水中按照预定的运动规律运动,从而实现所期望的波浪。伺服驱动器直接对电机编码器反馈信号进行采样,内部构成速度闭环控制以提高控制精度与运动速度的稳定性,避免电机丢步现象。同时,控制采集卡接收电机编码器的反馈信号,实时跟踪造波板的运动位置,外部构成位置闭环以提高推波板的定位精度。用波高传感器实时采集造波板前的波浪信号,并输入计算机中与目标波浪相比较,以提取(分离)反射波信号,并将该信号以反相形式加到控制信号中去,使造波板的运动附加一个可消除二次反射波的位移运动,实现了可吸收二次反射波的造波功能。

波高测量采用 SG2000 系统,为电容式波高(液位)传感器,传感器与放大器为一体式结构,输出 −5 ~ +5V 电压,由屏蔽电缆送往多路开关,在计算机控制下,按一定的时序进入 A/D 转换器。转换后的数据由微机自动处理。系统对传感器进行温度修正,仪器精度为 1.0mm。

地形测量采用 3D 测量系统,其主要仪器为地形仪。地形仪用来测量不同时间段内的地形变化,为模型验证和模型试验提供基础数据。地形仪由控制系统、测量系统和后处理系统组成。其中,测量系统的核心由异步电机和激光测距仪组成,测量地形的精度为 0.1mm。

3.6.3 试验组次

本次试验研究了两个方案在不同水位和波要素条件下的沙滩稳定性。试验水位分别为 100 年高水位 +2.0m 和大潮平均高潮位 +0.7m;试验波要素包括 2 年一遇至 200 年一遇的不同波要素;两个试验方案分别为防波堤堤顶高程为 +5.0m(原方案)和 +4.0m(优化方案)。试验的组次见表 3-14。两个方案的防波堤断面图见图 3-9 和图 3-10。

试 验 组 次

表 3-14

方　案	水　位	波　要　素	备　注
原方案	+2.0m	2 年、10 年、50 年、100 年、200 年一遇	18 个组次
	+0.7m		设计院提出了优化方案,+0.7m 水位试验停止
优化方案	+2.0m	2 年、10 年、50 年、100 年、200 年一遇	18 个组次
	+0.7m		

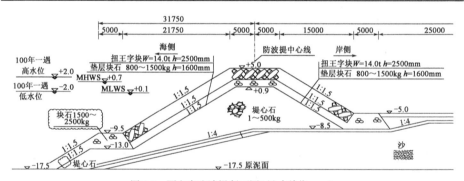

图 3-9　原方案防波堤断面图(尺寸单位:mm)

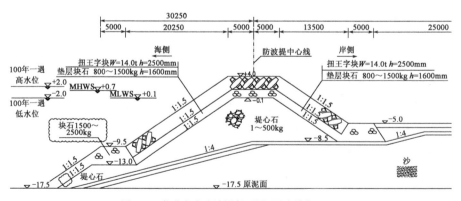

图 3-10　优化方案防波堤断面图(尺寸单位:mm)

3.7 模型验证试验

3.7.1 动力条件的验证

模型试验过程中,采用固定水位的方案研究沙滩在不同水位条件下的稳定性。试验水位有两个:100年一遇高水位 +2.0m(含 SLR)和大潮平均高潮位(MHWS)+0.7m。模型中采用测针控制水位,水位精度控制在 ±0.1mm。

在正式试验开始之前,对试验波要素进行率定。率定时的控制参数除了有效波高和有效周期,主要对比模型中的谱型与目标谱型,通过调整造波机的造波参数,使得模型中实测的波高、周期和谱型与目标值和目标谱(JONSWAP 谱)接近。从模型谱与目标谱的对比结果可以看出,模型中的波浪序列符合目标谱型,满足模型中波浪序列与原体波浪序列相似性的要求。

3.7.2 冲淤特性验证

根据动床试验研究的经验,若经概化后的动力作用下冲淤形态与实测地形冲淤程度和位置基本一致,作到定性合理、定量接近,即可认为概化的动力条件是合理的,冲淤验证能够满足要求,模型可用于预报工程实施后的地形冲淤情况。

本次试验由于缺乏现场水深地形的对比数据,因此冲淤验证工作极为困难。但为了做到试验模拟对冲淤特性有更准确的复演,并提高结果的可信度,我们选取相类似已有验证资料的岸滩(采用了相同模型沙)进行验证试验。针对表层3-1 层沙(d_{50} =0.38mm)为验证对象,这样粒径级别的砂质海岸与我国鲅鱼圈新月牙湾沙滩(d_{50} 在 0.3~0.4mm)相对近似,该海岸滩沙基本特征与本区对照表见表3-15。

新月牙湾沙滩与本区泥沙基本特性对比

表3-15

项 目	新 月 牙 湾	科伦坡海港城
0.25~2mm 含量	83.0%	71.3%
d_{50}(mm)	0.378	0.38
沙滩坡度	1/12~1/24(自然坡度)	1/20

基于上述分析判断,本工程的沙滩特性与泥沙的活跃程度基本与新月牙湾海滩接近,主要差异仅表现为动力条件的不同上。若本次试验拟采用与本工程类似的新月牙湾海滩进行验证,以检验所选取模型沙的运动及冲淤的特性,那么对采用相同模型沙的本工程而言,将来的冲淤情况也有合理性的判断。另外,由

于新月牙湾海滩波浪动力弱于本工程区,因此若在模型中采用相对波浪强度小于本区的条件下验证出满足原型相似性的沙滩变化,那么采用本工程区相对更强的波浪动力时的冲淤变化将更偏于安全。

验证试验分别包括沙滩平面运动分布特征与垂向冲淤特性验证,选取间隔一年的新月牙湾沙滩卫星遥感图与沙滩剖面实测资料作为验证依据,验证分别情况如下。

3.7.2.1 平面运动分布特性的验证

(1)基本资料与处理过程

参照国家海洋信息中心潮汐表,2009 年 5 月 3 日卫片拍摄时对应潮位值为 183.8cm,2010 年 6 月 3 日卫片拍摄时对应潮位值为 97.9cm,以对水陆边线进行修正,为接下来的平面轮廓对比作基础。

首先需对所获得的遥感影像进行增强、配准、裁剪等预处理后,选择相应波段通过遥感图像处理软件的分类模块进行水陆分类,再将格栅形式的水陆分类结果转化成矢量格式的多边形数据,最后以相应遥感数据的标准假彩色合成图像为参考,进行少量编辑纠正后便可获得位置精度相对较高的水边线。然后,结合成像当时的潮高,通过水边线平均高程法对水边线的整体高程进行估算,以此为统一进行比较各遥感影像海岸水边线轮廓奠定基础。最后,将各次遥感影像及海图的水边线重叠在一起,并统一绘制在一张年遥感影像上进行对比分析。

(2)对比结果与分析

经过叠图分析,间隔一年后岸线均呈 NE-SW 走向,水边线在突堤南、北两侧呈现不同变化趋势,受沿岸输沙被隔断的影响,北侧有小幅度的侵蚀后退,堤根南则略有淤涨,但整体冲淤幅度均有限。南侧以圈围的养殖场为主、岸线形态稳定,且河口径流有限和不受旅游岸线铺沙的影响,因此海岸在一年内的变化很小,冲淤基本平衡。

泥沙动床模型试验采用的模型沙为与本次试验相同的电木粉,验证时主要针变化较大的南侧岸线进行验证。在模型上在采用该区代表波浪作用后,测量与卫片对应的各区域淤宽分别为 2.4m、4.6m、8.7m、10.2m,平均为 6.5m,与实际 6.0m 结果接近。淤积分布形态也基本一致,即靠近大堤附近淤积幅度大。

3.7.2.2 垂向冲淤特性验证验证

在验证平面同时,试验还对沙滩的剖面形态进行验证,以检验垂向冲淤特性。结果表明各断面岸坡变化形态比较接近,原型实测断面与模型平均误差为

0.21m, −0.12m, 0.09m, 验证理想。通过平面和垂向冲淤分布的验证, 说明采用电木粉模拟原体中的天然沙可以使模型中的冲淤形态和冲淤分布与原型中的相似。

3.8 试验成果与分析

3.8.1 原方案试验结果

本次试验研究的对象为防波堤后方沙滩剖面的稳定性, 造成沙滩泥沙运动的主要动力为堤后次生波。由于不同重现期波浪的周期、波高有较大差别, 分别研究了重现期为 2 年、10 年、50 年、100 年和 200 年一遇的波浪作用下沙滩稳定性。由于沙滩处于防波堤掩护下, 平常较小的波浪无越浪, 对沙滩不会造成影响, 只有当较大的波浪出现时才能对沙滩造成破坏, 但是大的风暴过程一般只能持续几个小时。此沙滩剖面稳定性模型试验的比尺为 1:47, 波浪的作用时间比尺为 1:6.86。为了工程的安全性考虑, 本次试验研究过程中, 波浪作用的模型时间为 3h, 相当于原体的作用时间约为 20.57h。

从图 3-11 所示的试验照片可以看出, 外海波浪较大, 传至近岸在防波堤的反射、阻挡作用下越过防波堤的次生波相对外海波浪出现大幅度减小。次生波在防波堤后侧的整个传播过程为:越堤后的次生波在海床底摩阻的作用下, 波高逐渐减小。随着水深的进一步减小, 波浪的浅水效应逐渐加强, 波高增大(此现象在防波堤和护岸的断面模型试验中也得到了验证)。波高增大到一定程度后达到对应水深的极限波高, 出现破碎。破碎后波高衰减, 波浪顺着沙滩或者护岸向上爬升。在整个波浪的传播过程中, 泥沙运动主要集中在波浪破碎带内。破碎带内水体剧烈紊动, 将滩沙裹挟在水体内, 滩沙随着破波水体向上爬升, 一部分留在爬升的过程中, 一部分滩沙随回流的水体回到破碎带附近。停留在爬升阶段的滩沙逐渐形成滩肩, 形成淤积体;而破碎带附近的泥沙由于没有足够的沙源, 出现了冲刷。淤积体的高度和冲刷的深度因波要素的不同而不同, 但总的规律为波浪越大, 冲刷深度越深, 淤积体高度越高。

原方案的堤顶高程为 +5.0m, 对原方案先进行了 100 年高水位(+2.0m) 条件下各重现期波浪作用的研究, 限于本书篇幅, 仅给出了重现期 50 年波浪作用时, 沙滩断面随时间变化的过程见图 3-12 ~图 3-14。从试验结果可以看出, 在模型中, 沙滩在波浪作用下开始时的变化较快, 至 3 个小时左右沙滩剖面变化速度明显放缓, 趋于平衡。尤其是在波高较小时, 至第 3 个小时后, 沙滩基本平衡。

图 3-11　模型照片

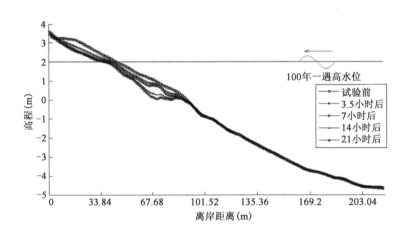

图 3-12　沙滩剖面冲淤平衡过程(重现期 50 年;2.0m 水位;$H = 5.3\text{m}, T_p = 12\text{s}$)

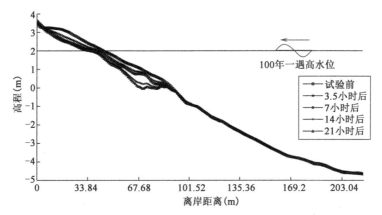

图 3-13　沙滩剖面冲淤平衡过程(重现期 50 年;2.0m 水位;$H = 5.3$m,$T_p = 15$s)

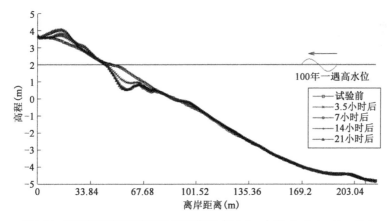

图 3-14　沙滩剖面冲淤平衡过程(重现期 50 年;2.0m 水位;$H = 3.4$m,$T_p = 20$s)

3.8.2　原方案试验结果分析

通过分析以上试验组次的试验结果可知,沙滩剖面出现冲刷的主要部位一般位于水面线以下的波浪破碎带内,冲刷深度与波浪的波高和周期有关,总体的规律为波高、周期越大,冲刷深度越大。2 年一遇波浪约 20 个小时作用下,最大的冲刷深度约 0.76m,对应的波周期为 20s 波高为 2.4m;周期为 11s 和 14s 波高均为 3.7m,波浪造成的冲刷深度约为 0.5m。10 年一遇波浪作用下,最大的冲刷深度约为 0.8m,对应的波周期为 20s 波高为 2.9m;周期为 11s 和 14s 波高均为 4.2m,波浪造成的冲刷深度分别为 0.53m 和 0.56m。50 年一遇波浪作用下,沙滩的最大冲刷深度约为 1.25m,对应的波浪周期为 20s 波高为 3.4m;周期为 12s 和 15s 波高均为 5.3m,波浪造成的冲刷深度分别为 0.94m 和 1.02m。

100 年一遇波浪作用下,沙滩的最大冲刷深度约为 1.42m,对应的波浪周期为 20s 波高为 3.6m;周期为 13s 和 16s 波高均为 5.8m,波浪造成的冲刷深度分别为 1.11m 和 1.23m。200 年一遇波浪作用下,沙滩受到的破坏最大,波高为 7.7m 周期为 17s 时,沙滩的冲刷深度达到了 2.81m。

当波高相对较小的时候,如 2 年一遇和 10 年一遇的波浪和谱峰周期为 20s 的波浪作用时,泥沙冲刷的部位在水面线以下的破碎带内,淤积部位主要为水面线以上的沙滩上。随着波浪的增大,破碎波浪的上冲力增加,冲刷的范围扩大至水面线以上(这也与破波增水有关。参考《海岸工程》),淤积的部位发生在护岸附近。当波浪超过一定强度后,泥沙运动加剧,冲刷的部位延伸至护岸前沿,大量滩沙在破碎波浪的带动下越过护岸,堆积到护岸后方。这种现象在我国东南沿海也时常出现,比较典型的为:1999 年 14 号台风造成了厦门东南大范围海堤的破坏,其中在厦门岛黄厝海岸,波浪携海滩沙冲越并堆积在高程达黄海平均海平面以上 8.5m 的环岛公路上。本书研究表明,沙滩在重现期超过 50 年一遇波浪作用下,滩沙会被破碎波浪带至护岸后方,如此一来自然的动力将无法使其回复至沙滩上,必须人为加以解决。

3.8.3 优化方案试验结果

3.8.3.1 100 年一遇高水位时的试验结果

防波堤堤顶高程降低为 +4.0m 后,堤后次生波的波高明显增大,波浪对沙滩的淘刷作用加强,沙滩在相同外海波要素的条件下变形更加剧烈,对沙滩造成的冲刷深度更大,重现期 50 年波浪作用下,沙滩断面随时间的变化过程见图 3-15 ~ 图 3-17。

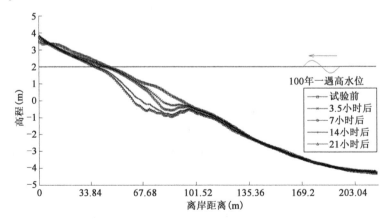

图 3-15 沙滩剖面冲淤平衡过程(重现期 50 年;2.0m 水位;$H = 5.3\text{m}$,$T_p = 12\text{s}$)

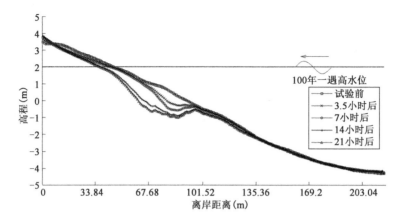

图 3-16　沙滩剖面冲淤平衡过程(重现期 50 年;2.0m 水位;$H = 5.3\text{m}$,$T_p = 15\text{s}$)

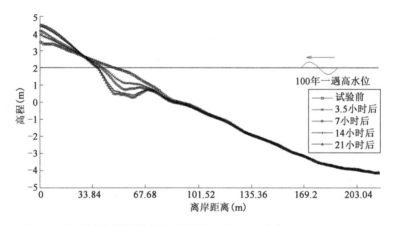

图 3-17　沙滩剖面冲淤平衡过程(重现期 50 年;2.0m 水位;$H = 3.4\text{m}$,$T_p = 20\text{s}$)

降低防波堤堤顶高程后,沙滩上的波浪爬高更加明显,被冲刷的泥沙在波浪的带动下能够更快地越过护岸,越过护岸的滩沙无法在自然的动力条件下运动至沙滩,造成沙滩的冲刷深度相比原方案更大。

3.8.3.2　100 年一遇高水位时的试验结果分析

通过分析以上试验组次的试验结果可知,防波堤堤顶高程降低至 +4.0m 后,沙滩的冲淤程度比原方案增大较多,如原方案在 100 年一遇波浪 20 个小时作用下的最大冲刷深度均在 1m 左右;防波堤堤顶高程降低后,100 年一遇波浪作用下的最大冲刷深度均超过了 2m。2 年遇、10 年及 50 年一遇波浪作用下的沙滩冲刷深度也都出现了不同程度的增加。

2年一遇波浪约 20 个小时作用下,最大的冲刷深度约 1.12m,对应的波周期为 20s、波高为 2.4m;周期为 11s 和 14s、波高均为 3.7m 的波浪造成的冲刷深度分别为 0.72m 和 0.78m。10 年一遇波浪作用下,最大的冲刷深度约为 1.55m,对应的波浪周期为 20s、波高为 2.9m;周期为 11s 和 14s、波高均为 4.2m 的波浪造成的冲刷深度分别为 1.41m 和 1.46m。50 年一遇波浪作用下,沙滩的最大冲刷深度约为 1.64m,对应的波浪周期为 15s、波高为 5.3m;周期为 20s、波高为 3.4m 波浪造成的冲刷深度为 1.61m。100 年一遇波浪作用下,沙滩的最大冲刷深度约为 2.59m,对应的波浪周期为 16s、波高为 5.8m;200 年一遇波浪作用下,周期为 20s、波高为 3.9m 波浪造成的冲刷深度为 2.27m。

3.8.3.3　MHWS 水位时的试验结果

在 MHWS +0.7m 水位条件下防波堤的越浪量明显减少,堤后次生波也明显减小,防波堤掩护下沙滩的冲刷深度和淤积高度亦减小。

3.8.3.4　MHWS 水位时的试验结果分析

通过分析以上试验组次的试验结果可知,试验水位为 MHWS +0.7m 时,沙滩的冲淤程度较 100 年一遇高水位 +2.0m 时的冲淤程度明显减小。例如,+2.0m 水位时,50 年一遇波浪和 100 年一遇波浪作用 20 个小时后沙滩的最大冲刷深度分别超过了 1m 和 2m;在 0.7m 水位时,50 年一遇波浪和 100 年一遇波浪作用 20 个小时后沙滩的最大冲刷深度均不超过 1m。可见水位是沙滩冲淤的重要影响因素,因为水位决定着外海波浪越堤后的波高大小。

2年一遇波浪约 20 个小时作用下,最大的冲刷深度约 0.45m,对应的波周期为 14s、波高为 3.7m。10 年一遇波浪作用下,最大的冲刷深度约为 0.54m,对应的波浪周期为 14s、波高为 4.2m。50 年一遇波浪作用下,沙滩的最大冲刷深度约为 0.78m,对应的波浪周期为 15s、波高为 5.3m。100 年一遇波浪作用下,沙滩的最大冲刷深度约为 0.93m,对应的波浪周期为 16s、波高为 5.8m。200 年一遇波浪作用下,沙滩的最大冲刷深度约为 1.37m,对应的波浪周期为 17s、波高为 7.7m。

从表中可了解不同方案时,不同动力和水位条件下,沙滩的最大冲刷深度、变形影响范围和冲刷后的岸滩坡度。从试验结果看,优化方案的冲刷深度、影响范围等均超过了原方案,例如 +2.0m 水位时,100 年一遇波浪作用下原方案和优化方案沙滩冲淤的范围分别为小于 100m 和大于 100m。从岸滩坡度角度看,在较小的波浪作用下,在冲淤段内沙滩坡度略有增加;在较大波浪作用下,沙滩坡度基本保持不变,破碎带附近的滩沙在波浪带动下整体向岸输移。

3.9 小结

3.9.1 风险评估与工程建议

本试验是在指定波浪动力条件下的有掩护人工沙滩稳定性研究,区别于一般的动床试验的最显著特征是作用于沙滩的波浪不是自然条件下经过浅水变形直接作用的,而是经过防波堤越浪后形成的堤后次生波,因此可看作一种特殊的沙滩剖面稳定试验。由于实际工程所在海域近岸动力条件与环境的复杂性,剖面试验的结果往往与实际情况还有所差异,而这类试验研究的关键是模型沙和动力条件的选取,因此对影响试验结果的一些风险因素进行分析,以引起足够重视。

3.9.1.1 存在的风险

试验研究期间,由于本项目的实测资料相对有限,缺少泥沙冲淤及岸滩演变分析的相关资料、实测近岸海床地形变化数据、现场踏勘记录和岸滩底质分析结果。因此,本次试验研究只能在现有资料的基础上开展。但是,从工程实施后的长期稳定性与可靠性考虑,可能会存在以下几方面的风险。

(1)缺乏基于本工程区实测资料的冲淤验证。动床物理模型试验做到定性准确、定量合理的关键是现场基础资料的掌握与复演,除了代表性动力因素(如波浪和水位变化)的准确模拟外(即模型的验证,其中波浪等动力条件的验证相对明确),冲淤特性的验证往往依赖于实测岸滩变化的水深资料。另外现场滩沙没有进行试验室特性试验研究,故试验中对沙滩冲淤试验的验证就非常困难。本次研究在受限于资料有限的条件下,采用了与本区类似岸滩的资料进行检验,主要对所选取模型沙在平面输移、垂向冲淤特性进行验证,验证了模型沙的合理性,在一定程度上降低了试验的风险。

(2)历史水深数据、含沙量、地质条件等反映泥沙环境、地貌与演变规律的资料缺乏,不能很好地了解工程当地的海床变化情况,也不能对长期的岸滩演变过程和发展趋势作出准确分析与预测,结合本项目进行试验结果的分析就缺乏一定的依据。

(3)缺乏周边相关港口工程的冲淤情况实例作为参考,造成判断本区长期冲淤趋势和类型时缺少参考依据,使得全新的项目存在泥沙冲淤的风险。

(4)缺乏季节性变化引起的沙滩冲淤变化定量分析数据,从而仅能通过初步估算了解年内变化的程度。另外,针对此类横向输沙季节性变化较大的岸滩,宜在拟建航道、港池附近进行试挖槽试验,从而更准确地了解海床的冲淤特性,并对本区岸滩的动态平衡的适应能力有充分的认识。

3.9.1.2　工程建议

单纯通过波浪水槽沙滩剖面稳定试验确定人工沙滩的冲淤规律,还是存在一定局限性,特别是在上述风险因素的前提下,因此建议做好以下几项后续工作。

(1)沙滩的冲淤在平面分布上会有差异,水槽模拟的是剖面的变化,而拟建沙滩将同时受到堤后次生波、堤头绕射波及涨落潮流等综合作用。在滩沙横向输移的同时,还会存在短距离的纵向输移,两个方向的输沙共同参与堤后沙滩形态的塑造。因此如有条件,建议进行波、流共同作用下的整体沙滩冲淤试验,以了解平面形态的变化以及综合次生波、绕射波、涨落潮流等共同动力下的沙滩冲淤情况。

(2)在工程附近岸滩上设观测站及标尺,监测工程实施阶段和竣工后使用阶段沙滩的剖面变化(包括水上和水下),以期与研究成果进行对比,并为后续研究奠定基础。

(3)工程实施过程中和建成后,监测堤后常年有波浪、水流情况,了解其共同存在时对该区域岸滩的影响动力,为港区的维护和岸滩防护提供依据。特别是每年大浪期间,对工程区域水陆交界处的水深和冲淤强度资料进行及时监测,使工程处于动态研究状态,为维护和整治积累依据资料。

3.9.2　结论

本章在分析原体水动力条件和底质情况的基础上,依据泥沙起动和沉降相似准则,完成了模型设计工作,保证了模型在满足起动相似的基础上兼顾满足冲淤相似的泥沙沉降相似条件,并对原方案和优化方案进行了模型试验研究,得到以下结论:

(1)在原方案条件下,沙滩剖面出现冲刷的主要部位一般位于水面下以下的波浪破碎带内,冲刷深度与波浪的波高和周期有关,总体的规律为波高、周期越大,冲刷深度越大。2年、10年、50年、100年和200年一遇波浪作用下,最大的冲刷深度分别为0.76m、0.8m、1.25m、1.42m和2.81m。当波高相对较小时,泥沙冲刷的部位在水面下以下的破碎带内,淤积部位主要为水面线以上的沙滩上;随着波浪的增大,破碎波浪的上冲力增加,冲刷的范围扩大至水面线以上,淤积的部位发生在护岸附近;当波浪超过一定强度后,泥沙运动加剧,冲刷的部位延伸至护岸前沿,大量滩沙在破碎波浪的带动下越过护岸,堆积到护岸后方,如此一来自然的动力将无法使其回复至沙滩上,必须人为加以解决。

(2)在优化方案条件下,100年一遇+2.0m水位时,沙滩冲淤的部位与原方案相似,沙滩的冲淤变化程度明显加强。2年、10年、50年、100年和200年一遇波浪作用下,最大的冲刷深度分别为1.12m、1.55m、1.64m、2.59m和2.27m(对应波浪为 $T_p = 20s$)。优化方案的防波堤顶高程降低为 +4.0m 后,沙滩在堤后次生波作用下的冲刷深度和淤积高度明显增加。

(3)在优化方案条件下,MHWS +0.7m 水位时沙滩的冲淤程度明显小于+2.0m 水位时的冲淤程度。 +2.0m 水位时,50 年一遇波浪和100 年一遇波浪作用20 个小时后沙滩的最大冲刷深度分别超过了1m 和2m;在0.7m 水位时,50 年一遇波浪和100 年一遇波浪作用下沙滩的最大冲刷深度均不超过1m。2 年、10 年、50 年、100 年和200 年一遇波浪作用下,最大的冲刷深度分别为 0.45m、0.54m、0.78m、0.93m 和 1.37m。

(4)从试验结果看,优化方案的冲刷深度、影响范围等均超过了原方案。例如, +2.0m 水位时,100 年一遇波浪作用下原方案和优化方案沙滩冲淤的范围分别为小于100m 和大于100m。从岸滩坡度角度看,在较小的波浪作用下,在冲淤段内沙滩坡度略有增加;在较大波浪作用下,沙滩坡度基本保持不变,破碎带附近的滩沙在波浪带动下整体向岸输移。

(5)本次波浪作用下沙滩剖面稳定性模型试验研究是在缺少现场历史实测水深资料进行对比验证情况下开展的,模型的沙滩冲淤分布可能会与原型沙滩在堤后次生波、绕射波、潮流等综合动力作用下的冲淤分布存在差异。建议在工程实施过程中和实施后监测港内的水动力和沙滩变化,如有条件建议进行综合次生波、绕射波、涨落潮流等共同动力下的沙滩冲淤物理模型试验研究。

4 景观护岸

在城市的滨海带上,生态海岸赋予了新的更高的要求,能够加入一些城市的文化元素,同时提供更多的旅游岸线和元素。在安全的前提下,将生态与美观、景观相结合,且不破坏自然的水动力条件。这里利用一个成功的案例来说明生态景观的建设论证过程。

4.1 项目研究概况

月牙湾浴场防波堤工程位于营口港鲅鱼圈港区和仙人岛港区之间,由一条东南向西北方向延伸至外海长 500m 的斜坡式结构组成,护面主要由不同尺度的栅栏板和浆砌块石构成。平面布置图见图 4-1。

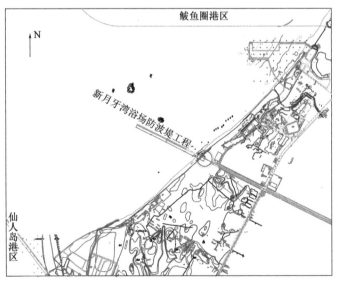

图 4-1 工程位置平面布置图

为满足斜坡式防波堤工程设计要求,需确定其各部分单元块体的稳定性及波浪爬高、胸墙越浪情况。依据提供的技术资料,针对月牙湾浴场防波堤工程,在不同水位相应设计波浪作用下,进行了多个组次的局部整体波浪物理模型试验研究。

4.2 海洋水动力条件

工程海岸面对渤海,对该海域多年的风和浪进行分析,统计不同季节和年的风、波浪分频分级见图4-2～图4-6所示,表4-1～表4-10。

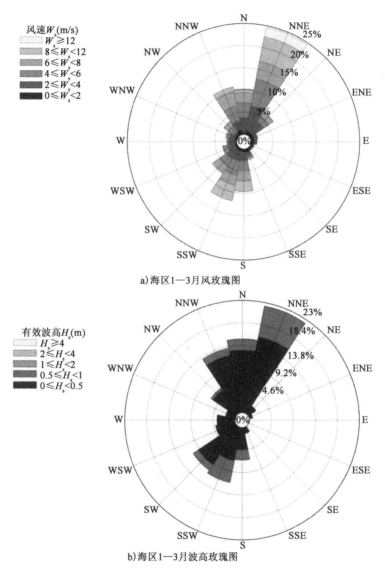

a)海区1—3月风玫瑰图

b)海区1—3月波高玫瑰图

图4-2 工程海区1—3月风玫瑰图、波玫瑰图

(常风向和强风向为 NNE 向,常浪向和强浪向为 NNE 向)

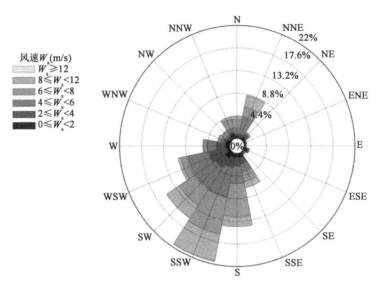

a)海区4—6月风玫瑰图

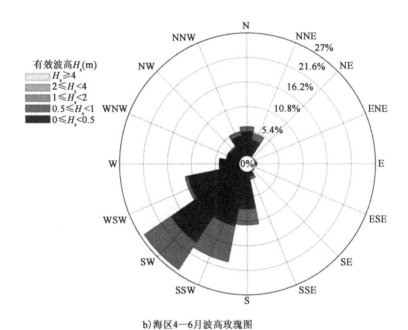

b)海区4—6月波高玫瑰图

图4-3 工程海区4—6月风玫瑰图、波玫瑰图
(常风向和强风向为 SSW 向,常浪向和强浪向为 SW 向)

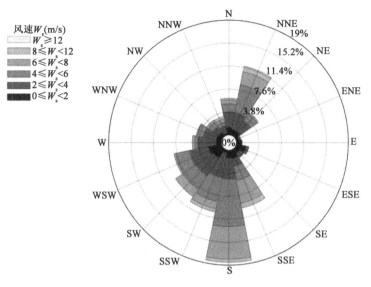

a) 海区7—9月风玫瑰图

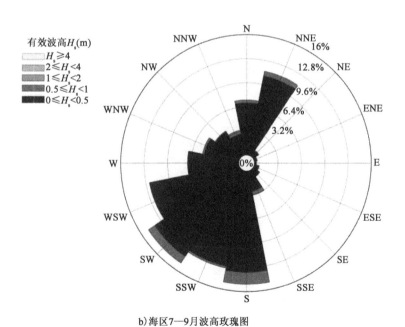

b) 海区7—9月波高玫瑰图

图 4-4   工程海区 7—9 月风玫瑰图、波玫瑰图
(常风向和强风向为 S 向,常浪向和强浪向为 SW 向)

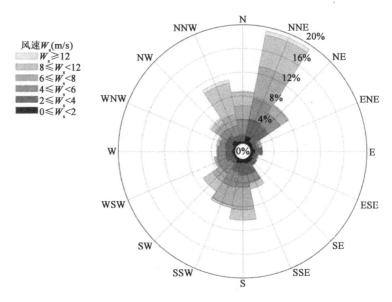

a) 海区10—12月风玫瑰图

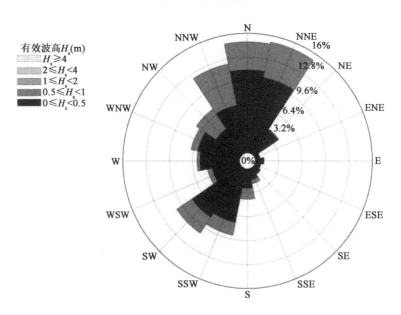

b) 海区10—12月波高玫瑰图

图4-5 工程海区10—12月风玫瑰图、波玫瑰图
(常风向和强风向集中在NNE向,常浪向和强浪向为NNE向)

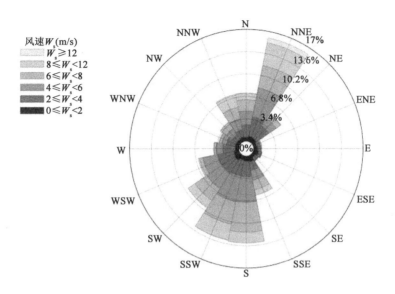

a)海区年风玫瑰图

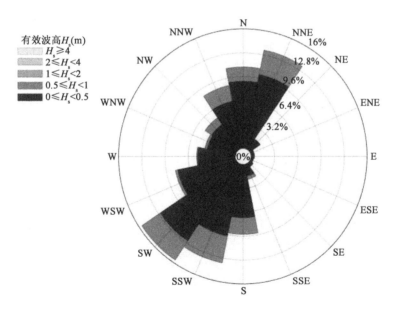

b)海区年波高玫瑰图

图4-6 工程海区年风玫瑰图、波玫瑰图
(常风向和强风向为 NNE 向,常浪向为 SW 向,强浪向为 NNE 向)

表 4-1

工程海区 1—3 月风速分频分级统计表（单位：%）

风速（m/s）	风 向																合计
	N	NNE	NE	ENE	E	ESE	SE	SSE	S	SSW	SW	WSW	W	WNW	NW	NNW	
0~2.0	0.28	0.69	0.69	0.69	0.69	0.41	0.28	0.69	0.55	0.41	0.41	0.28	0.14	0.43	0.41	0.97	8.02
2.0~4.0	3.46	5.95	3.04	0.97	0.69	0.41	0.41	0.84	1.94	2.35	2.63	1.80	1.66	1.24	0.55	2.07	30.01
4.0~6.0	3.32	6.23	1.52	0	0	0.01	0	0.55	2.21	3.32	1.80	1.24	0.41	0.55	1.66	3.46	26.28
6.0~8.0	2.35	4.01	1.11	0	0	0	0	0	2.49	2.21	1.80	0	0	0.41	1.11	3.18	18.67
8.0~12.0	0.69	5.67	0.14	0	0	0	0	0.41	2.35	3.60	0.41	0	0	0	0.14	1.26	14.67
≥12.0	0.14	2.21	0	0	0	0	0	0	0	0	0	0	0	0	0	0	2.35
合计	10.24	24.76	6.50	1.66	1.38	0.83	0.69	2.49	9.54	11.89	7.05	3.32	2.21	2.63	3.87	10.94	100.00

表 4-2

工程海区 1—3 月波浪分频分级统计表（单位：%）

H_s（m）	T_m（s）	N	NNE	NE	ENE	E	ESE	SE	SSE	S	SSW	SW	WSW	W	WNW	NW	NNW	合计
0~0.5	0~4.0	12.86	15.77	1.94	0.69	0	0	0	1.24	4.43	6.92	9.41	4.15	3.73	1.94	5.81	11.89	80.78
	4.0~8.0	0	0	0	0	0	0	0	0	0	0	0	0	0	0	0	0	0
	≥8.0	0	0	0	0	0	0	0	0	0	0	0	0	0	0	0	0	0

续上表

H_s(m)	T_m(s)	N	NNE	NE	ENE	E	ESE	SE	SSE	S	SSW	SW	WSW	W	WNW	NW	NNW	合计
0.5~1.0	0~4.0	2.07	6.50	0	0	0	0	0	0	2.21	4.56	1.38	0	0	0.14	0.55	1.53	18.94
	4.0~8.0	0.14	0	0	0	0	0	0	0	0	0	0	0	0	0	0	0	0.14
	≥8.0	0	0	0	0	0	0	0	0	0	0	0	0	0	0	0	0	0
1.0~2.0	0~4.0	0	0	0	0	0	0	0	0	0	0	0	0	0	0	0	0	0
	4.0~8.0	0.14	0	0	0	0	0	0	0	0	0	0	0	0	0	0	0	0.14
	≥8.0	0	0	0	0	0	0	0	0	0	0	0	0	0	0	0	0	0
2.0~4.0	0~4.0	0	0	0	0	0	0	0	0	0	0	0	0	0	0	0	0	0
	4.0~8.0	0	0	0	0	0	0	0	0	0	0	0	0	0	0	0	0	0
	≥8.0	0	0	0	0	0	0	0	0	0	0	0	0	0	0	0	0	0
≥4.0	0~4.0	0	0	0	0	0	0	0	0	0	0	0	0	0	0	0	0	0
	4.0~8.0	0	0	0	0	0	0	0	0	0	0	0	0	0	0	0	0	0
	≥8.0	0	0	0	0	0	0	0	0	0	0	0	0	0	0	0	0	0
合计		15.21	22.27	1.94	0.69	0	0	0	1.24	6.64	11.48	10.79	4.15	3.73	2.08	6.36	13.42	100.00

表 4-3

工程海区 4—6 月风速分频分级统计表（单位：%）

风 向

风速（m/s）	N	NNE	NE	ENE	E	ESE	SE	SSE	S	SSW	SW	WSW	W	WNW	NW	NNW	合计
0~2.0	0.41	0.14	0.55	0.27	0.14	0.55	0.14	0.82	0.68	0.82	1.37	0.41	0.68	0.68	0.14	0.82	8.62
2.0~4.0	0.41	0.68	0.82	0.14	0.27	0.40	0.41	1.23	1.78	1.92	2.19	3.69	1.92	0.55	0.55	0.41	17.37
4.0~6.0	1.23	3.28	0	0.14	0	0	0	1.64	3.42	5.88	4.92	4.38	1.92	0.55	0.55	0.82	28.73
6.0~8.0	1.64	2.19	0.41	0	0	0.14	0	1.92	6.43	7.39	3.97	1.50	0.68	0.68	0.68	1.78	29.41
8.0~12.0	0.55	2.19	0	0	0	0	0	1.23	1.92	5.32	3.01	0.55	0.14	0	0.27	0.41	15.59
≥12.0	0	0.14	0	0	0	0	0	0	0	0.14	0	0	0	0	0	0	0.27
合计	4.24	8.62	1.78	0.55	0.41	1.09	0.55	6.84	14.23	21.47	15.46	10.53	5.34	2.46	2.19	4.24	100.00

表 4-4

工程海区 4—6 月波浪分频分级统计表（单位：%）

H_s（m）	T_m（s）	N	NNE	NE	ENE	E	ESE	SE	SSE	S	SSW	SW	WSW	W	WNW	NW	NNW	合计
0~0.5	0~4.0	5.20	3.56	0	0.14	0.41	0	0.14	0.96	8.07	12.04	18.88	11.76	4.38	3.01	2.46	4.51	75.52
	4.0~8.0	0	0	0	0	0	0	0	0	0	0	0	0	0	0	0	0	0
	≥8.0	0	0	0	0	0	0	0	0	0	0	0	0	0	0	0	0	0

续上表

H_s(m)	T_m(s)	N	NNE	NE	ENE	E	ESE	SE	SSE	S	SSW	SW	WSW	W	WNW	NW	NNW	合计
0.5~1.0	0~4.0	1.23	1.50	0	0	0	0	0	0.68	3.56	8.07	7.25	0.68	0.14	0	0.41	0.96	24.48
	4.0~8.0	0	0	0	0	0	0	0	0	0	0	0	0	0	0	0	0	0
	≥8.0	0	0	0	0	0	0	0	0	0	0	0	0	0	0	0	0	0
1.0~2.0	0~4.0	0	0	0	0	0	0	0	0	0	0	0	0	0	0	0	0	0
	4.0~8.0	0	0	0	0	0	0	0	0	0	0	0	0	0	0	0	0	0
	≥8.0	0	0	0	0	0	0	0	0	0	0	0	0	0	0	0	0	0
2.0~4.0	0~4.0	0	0	0	0	0	0	0	0	0	0	0	0	0	0	0	0	0
	4.0~8.0	0	0	0	0	0	0	0	0	0	0	0	0	0	0	0	0	0
	≥8.0	0	0	0	0	0	0	0	0	0	0	0	0	0	0	0	0	0
≥4.0	0~4.0	0	0	0	0	0	0	0	0	0	0	0	0	0	0	0	0	0
	4.0~8.0	0	0	0	0	0	0	0	0	0	0	0	0	0	0	0	0	0
	≥8.0	0	0	0	0	0	0	0	0	0	0	0	0	0	0	0	0	0
合计		6.43	5.06	0	0.14	0.41	0	0.14	1.64	11.63	20.11	26.13	12.44	4.52	3.01	2.87	5.47	100.00

79

表 4-5

工程海区 7—9 月风速分频分级统计表（单位:%）

风速（m/s）	风 向																合计
	N	NNE	NE	ENE	E	ESE	SE	SSE	S	SSW	SW	WSW	W	WNW	NW	NNW	
0~2.0	1.22	0.95	0.95	0.40	0.81	1.62	0.81	1.35	1.22	0.41	1.76	2.17	0.81	0.81	0.68	0.27	16.24
2.0~4.0	2.57	2.71	2.17	0.27	0.14	0.54	0.81	1.35	3.52	4.19	3.52	3.25	3.11	2.30	1.22	1.21	32.88
4.0~6.0	1.35	4.87	1.35	0	0	0	0.14	2.44	7.85	4.06	2.71	2.44	0.54	1.08	0.94	0.68	30.45
6.0~8.0	0.68	2.16	0.27	0.14	0	0	0	3.79	5.41	1.22	1.48	0.26	0.41	0.14	0.41	0.54	16.91
8.0~12.0	0.27	0.95	0	0	0	0	0	0.81	0.54	0.54	0	0	0	0	0	0.41	3.52
≥12.0	0	0	0	0	0	0	0	0	0	0	0	0	0	0	0	0	0
合计	6.09	11.64	4.74	0.81	0.95	2.16	1.76	9.74	18.54	10.42	9.47	8.12	4.87	4.33	3.25	3.11	100.00

表 4-6

工程海区 7—9 月波浪分频分级统计表（单位:%）

H_s（m）	T_m（s）	N	NNE	NE	ENE	E	ESE	SE	SSE	S	SSW	SW	WSW	W	WNW	NW	NNW	合计
0~0.5	0~4.0	6.90	10.69	0.81	0.41	0.27	0.68	1.08	2.71	13.4	12.86	13.8	12.31	6.90	4.74	3.92	2.84	94.32
	4.0~8.0	0	0	0	0	0	0	0	0	0	0	0	0	0	0	0	0	0
	≥8.0	0	0	0	0	0	0	0	0	0	0	0	0	0	0	0	0	0

续上表

H_s(m)	T_m(s)	N	NNE	NE	ENE	E	ESE	SE	SSE	S	SSW	SW	WSW	W	WNW	NW	NNW	合计
0.5~1.0	0~4.0	0.41	0.68	0.14	0	0	0	0	0.54	1.62	0.27	1.08	0	0	0.27	0.14	0.53	5.68
	4.0~8.0	0	0	0	0	0	0	0	0	0	0	0	0	0	0	0	0	0
	≥8.0	0	0	0	0	0	0	0	0	0	0	0	0	0	0	0	0	0
1.0~2.0	0~4.0	0	0	0	0	0	0	0	0	0	0	0	0	0	0	0	0	0
	4.0~8.0	0	0	0	0	0	0	0	0	0	0	0	0	0	0	0	0	0
	≥8.0	0	0	0	0	0	0	0	0	0	0	0	0	0	0	0	0	0
2.0~4.0	0~4.0	0	0	0	0	0	0	0	0	0	0	0	0	0	0	0	0	0
	4.0~8.0	0	0	0	0	0	0	0	0	0	0	0	0	0	0	0	0	0
	≥8.0	0	0	0	0	0	0	0	0	0	0	0	0	0	0	0	0	0
≥4.0	0~4.0	0	0	0	0	0	0	0	0	0	0	0	0	0	0	0	0	0
	4.0~8.0	0	0	0	0	0	0	0	0	0	0	0	0	0	0	0	0	0
	≥8.0	0	0	0	0	0	0	0	0	0	0	0	0	0	0	0	0	0
合计		7.31	11.37	0.95	0.41	0.27	0.68	1.08	3.25	15.02	13.13	14.88	12.31	6.90	5.01	4.06	3.37	100.00

生态海岸防护工程试验研究

表 4-7

工程海区 10—12 月风速分级统计表（单位:%）

风速（m/s）	N	NNE	NE	ENE	E	ESE	SE	SSE	S	SSW	SW	WSW	W	WNW	NW	NNW	合计
0~2.0	0.27	1.22	0.54	0.40	0.67	0.41	0.68	0.68	0.54	0.68	0.27	0.27	0.41	0.27	0.81	0.41	8.53
2.0~4.0	1.22	2.84	3.25	0.68	1.22	0.67	0.68	1.89	2.17	1.49	0.81	1.35	1.08	1.49	1.08	0.95	22.87
4.0~6.0	2.57	3.52	2.57	0.41	0.14	0.27	0.13	1.35	2.03	2.71	2.17	1.49	1.35	0.81	1.35	1.76	24.63
6.0~8.0	2.30	5.55	1.49	0.54	0	0	0	0.27	3.78	3.11	1.62	0.27	0.14	0.27	1.08	1.89	22.31
8.0~12.0	2.30	5.41	0.27	0	0	0	0	0.95	1.76	0.41	1.89	0.27	0.14	0.41	0.81	5.41	20.03
≥12.0	0.14	0.68	0	0	0	0	0	0	0	0	0	0	0	0	0.27	0.54	1.63
合计	8.80	19.22	8.12	2.03	2.03	1.35	1.49	5.14	10.28	8.40	6.76	3.65	3.12	3.25	5.40	10.96	100.00

表 4-8

工程海区 10—12 月波浪分频分级统计表（单位:%）

H_s（m）	T_m（s）	N	NNE	NE	ENE	E	ESE	SE	SSE	S	SSW	SW	WSW	W	WNW	NW	NNW	合计
0~0.5	0~4.0	10.96	10.28	3.92	0.68	1.22	0.81	1.08	1.49	2.57	7.31	7.98	3.79	5.41	5.82	4.06	6.50	73.88
	4.0~8.0	0	0	0	0	0	0	0	0	0	0	0	0	0	0	0	0	0
	≥8.0	0	0	0	0	0	0	0	0	0	0	0	0	0	0	0	0	0

续上表

H_s(m)	T_m(s)	N	NNE	NE	ENE	E	ESE	SE	SSE	S	SSW	SW	WSW	W	WNW	NW	NNW	合计
0.5~1.0	0~4.0	3.79	4.86	0.14	0	0	0	0	0.54	1.49	1.76	2.57	0.68	0.41	0.95	2.84	5.68	25.71
	4.0~8.0	0	0	0	0	0	0	0	0	0	0	0	0	0	0	0.41	0	0.41
	≥8.0	0	0	0	0	0	0	0	0	0	0	0	0	0	0	0	0	0
1.0~2.0	0~4.0	0	0	0	0	0	0	0	0	0	0	0	0	0	0	0	0	0
	4.0~8.0	0	0	0	0	0	0	0	0	0	0	0	0	0	0	0	0	0
	≥8.0	0	0	0	0	0	0	0	0	0	0	0	0	0	0	0	0	0
2.0~4.0	0~4.0	0	0	0	0	0	0	0	0	0	0	0	0	0	0	0	0	0
	4.0~8.0	0	0	0	0	0	0	0	0	0	0	0	0	0	0	0	0	0
	≥8.0	0	0	0	0	0	0	0	0	0	0	0	0	0	0	0	0	0
≥4.0	0~4.0	0	0	0	0	0	0	0	0	0	0	0	0	0	0	0	0	0
	4.0~8.0	0	0	0	0	0	0	0	0	0	0	0	0	0	0	0	0	0
	≥8.0	0	0	0	0	0	0	0	0	0	0	0	0	0	0	0	0	0
合计		14.75	15.14	4.06	0.68	1.22	0.81	1.08	2.03	4.06	9.07	10.55	4.47	5.82	6.77	7.31	12.18	100.00

表 4-9

工程海区全年风速分频分级统计表（单位:%）

风速(m/s)	风向																合计
	N	NNE	NE	ENE	E	ESE	SE	SSE	S	SSW	SW	WSW	W	WNW	NW	NNW	
0~2.0	0.55	0.75	0.68	0.44	0.58	0.75	0.48	0.89	0.75	0.58	0.95	0.78	0.51	0.55	0.50	0.61	10.35
2.0~4.0	1.91	3.04	2.32	0.51	0.58	0.51	0.58	1.33	2.35	2.49	2.29	2.52	1.94	1.40	0.85	1.16	25.78
4.0~6.0	2.11	4.47	1.36	0.14	0.03	0.07	0.07	1.50	3.89	3.99	2.90	2.39	1.06	0.75	1.13	1.67	27.53
6.0~8.0	1.74	3.48	0.82	0.17	0	0.03	0	1.50	4.54	3.48	2.22	0.51	0.31	0.38	0.82	1.84	21.84
8.0~12.0	0.95	3.55	0.10	0	0	0	0	0.85	1.64	2.46	1.33	0.20	0.07	0.10	0.31	1.88	13.44
≥12.0	0.07	0.75	0	0	0	0	0	0	0	0.03	0	0	0	0	0.07	0.14	1.06
合计	7.33	16.04	5.28	1.26	1.19	1.36	1.13	6.07	13.17	13.03	9.69	6.40	3.89	3.18	3.68	7.30	100.00

表 4-10

工程海区全年波浪分频分级统计表（单位:%）

H_s(m)	T_m(s)	N	NNE	NE	ENE	E	ESE	SE	SSE	S	SSW	SW	WSW	W	WNW	NW	NNW	合计
0~0.5	0~4.0	8.97	10.06	1.67	0.48	0.48	0.38	0.58	1.59	7.13	9.79	12.52	8.02	5.11	3.89	4.06	6.41	81.14
	4.0~8.0	0	0	0	0	0	0	0	0	0	0	0	0	0	0	0	0	0
	≥8.0	0	0	0	0	0	0	0	0	0	0	0	0	0	0	0	0	0

H_s(m)	T_m(s)	N	NNE	NE	ENE	E	ESE	SE	SSE	S	SSW	SW	WSW	W	WNW	NW	NNW	合计
0.5~1.0	0~4.0	1.88	3.38	0.07	0	0	0	0	0.44	2.22	3.65	3.07	0.34	0.14	0.34	0.99	2.18	18.70
	4.0~8.0	0.03	0	0	0	0	0	0	0	0	0	0	0	0	0	0.10	0	0.13
	≥8.0	0	0	0	0	0	0	0	0	0	0	0	0	0	0	0	0	0
1.0~2.0	0~4.0	0	0	0	0	0	0	0	0	0	0	0	0	0	0	0	0	0
	4.0~8.0	0.03	0	0	0	0	0	0	0	0	0	0	0	0	0	0	0	0.03
	≥8.0	0	0	0	0	0	0	0	0	0	0	0	0	0	0	0	0	0
2.0~4.0	0~4.0	0	0	0	0	0	0	0	0	0	0	0	0	0	0	0	0	0
	4.0~8.0	0	0	0	0	0	0	0	0	0	0	0	0	0	0	0	0	0
	≥8.0	0	0	0	0	0	0	0	0	0	0	0	0	0	0	0	0	0
≥4.0	0~4.0	0	0	0	0	0	0	0	0	0	0	0	0	0	0	0	0	0
	4.0~8.0	0	0	0	0	0	0	0	0	0	0	0	0	0	0	0	0	0
	≥8.0	0	0	0	0	0	0	0	0	0	0	0	0	0	0	0	0	0
合计		10.91	13.44	1.74	0.48	0.48	0.38	0.58	2.03	9.35	13.44	15.59	8.36	5.25	4.23	5.15	8.59	100.00

4.3 试验目的

该工程南、北两侧分别受仙人岛和鲅鱼圈港区的掩护,外海波浪只能顺堤或经南、北两侧防波堤绕射后作用于本工程防波堤。绕射波浪波峰线与防波堤轴线间的夹角大于 45°。因此为了能准确模拟整个工程各部分单元块体的稳定性,采用半整体局部模型进行试验模拟,模型安排在一个 18m×14m 港池内,以便反映波浪的斜向作用。针对营口市开发区新月牙弯浴场改造工程防波堤布置方案及水工建筑物结构形式,通过局部整体波浪物理模型试验验证在重现期为 50 年不规则波作用下,防波堤各部分单元块体的稳定性,并观察波浪爬高与越浪,为设计提供科学依据。

4.4 试验依据条件

4.4.1 试验水位(鲅鱼圈理论最低潮面)

极端高水位:+5.14m;
设计高水位:+4.00m;
平均水位:+1.96m;
设计低水位:+0.24m。

4.4.2 试验资料

试验用图由设计院提供。
(1)防波堤工程平面布置图,见图 4-7;
(2)防波堤各位置断面结构图。

4.4.3 波浪入射方向选取

考虑本工程防波堤的走向与岸垂直,受鲅鱼圈港区与仙人岛港区的掩护,主要受 NW 与 WNW 浪向影响。NW 向波浪经鲅鱼圈港区的掩护绕射后,波峰线与防波堤轴线间的夹角接近 75°;WNW 向波浪经仙人岛港区的掩护绕射及地形折射后,波峰线与防波堤轴线间接近垂直。又考虑到防波堤堤头是由圆台构成,堤身由圆台渐变缩小至顺直长堤的特殊性,试验中采用了对于堤头圆台正向入射而对于堤身顺堤入射的 90°(波向线与堤轴线夹角,下同),以及斜向 75°入射波浪作用。

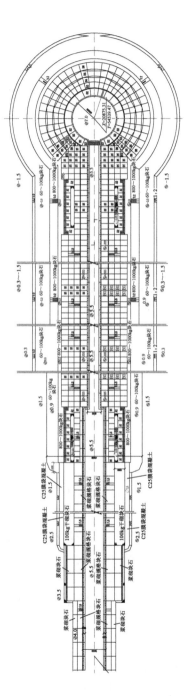

图4-7 防波堤工程平面布置图 (尺寸单位: mm)

4.4.4 波浪要素

本次试验采用90°和75°入射两种工况试验。试验波要素采用交通部天津水运工程科学研究所《营口港仙人岛港区总体规划波浪数学模型计算研究报告》的外海波浪要素,分水位推算得到工程位置处波浪结果。

4.4.5 试验依据的规范和规程

(1)《波浪模型试验规程》(JTJ/T 234—2001);
(2)《海港水文规范》(JTJ 213—98);
(3)《防波堤设计与施工规范》(JTJ 298—2013)。

4.5 试验内容与要求

测定波浪为顺直入射(90°),在极端高水位、设计高水平均水位、设计低水位下相应重现期为50年波浪作用下,护底石、护面块体及胸墙稳定性,并观察波浪爬高与越浪。

测定波浪斜向入射(75°),在极端高水位、设计高水位均水位、设计低水位下相应重现期为50年波浪作用下,护底块护面块体及胸墙稳定性,并观察波浪爬高与越浪。

根据试验结果,若块体失稳,通过加大其重力,得到稳定断面;若稳定,则通过加大波高至极限,寻找块体破坏波高。

4.6 试验设备

试验在小港池内进行。港池长18m、宽14m、高1.0m。模型波浪由一台港池摇板式不规则波造波机产生,该造波机由推波板及伺服放大器、油源、计算机及其外设组成,见图4-8。按所需波浪对应参数由计算机产生相应信号,经D/A转换,由伺服放大器将之与位移反信号对比,偏差信号至伺服阀,从而控制液压缸运动,带动推波板产生期望的水波。试验中利用该造波机产生所需的不规则波。在摇板式不规则波造波板的两侧放置直立式消波器来进行导波和消波,以减少边界对波浪的反射影响。模型放置于两侧消波器之间的中心位置。

模型高程用水准仪控制,长度用钢尺测量,波高采用波高传感测量,并通过SG2000型动态水位测量系统对波高进行采集分析,水位用测针读取。

图 4-8　港池摇摆式造波机

4.7　试验方法

4.7.1　模型设计与制作

该模型试验采用正态模型,模型按重力相似准则设计,结构断面尺寸按几何相似准则设计,各比尺关系如下:

$$\lambda = \frac{l_p}{l_m} \tag{4-1}$$

$$\lambda_t = \lambda^{1/2} \tag{4-2}$$

$$\lambda_F = \lambda^3 \tag{4-3}$$

式中:λ——模型长度比尺;

$\quad l_p$——原型长度;

$\quad l_m$——模型长度;

$\quad \lambda_t$——时间比尺;

$\quad \lambda_F$——力比尺。

根据试验要求,模型按重力相似准则设计,结合试验场地及设备情况,模型选用几何比尺 $\lambda = 30$,力比尺 $\lambda_F = 27000$,时间比尺 $\lambda_t = 5.48$。

4.7.2　模型制作与布置

结合试验场地,并针对本工程为一条500m长堤的特点,因此采用局部整体模型进行试验研究。对于防波堤各段长度中的结构存在相同段,试验中采用选取代表段的方法进行模拟,模型模拟堤的总长为308m。模拟段分别由断面1-1、断面2-2、断面5-5、断面8-8、断面10-10所代表段的整长度及断面3-3、断面4-4所代表段长度二分之一及断面6-6至断面9-9间代表段长度三分之一构成。模型地形模拟采用桩点法复制,平面尺寸及高程按几何相似原则制作。场地平面尺寸用钢卷尺测量,按1.0m×1.0m布设桩点,模型范围为18m×14m。平面尺寸偏差控制在1cm以内;地形桩点高程用水准仪精确控制,偏差在±1mm以内。模型填沙后用水泥沙浆抹平压光。防波堤的护面块体主要由不同尺度的B1~B10型栅栏板构成,局部尚有浆砌块石。模型中栅栏板及浆砌块石均采用水泥铁粉配制,质量偏差与几何尺寸误差均满足试验规程的要求,不规则栅栏板B7、B8和B9、B10分别截取B2、B3、B1型栅栏板的部分变形而成。

断面模型中各种块石按重力比尺挑选,质量偏差控制在±5%以内。由于模型试验采用的是淡水,而实际工程中为海水,受淡水与海水的密度差影响,试验中考虑 $\rho_{海水} = 1.025\rho_{淡水}$,在计算模型重量时即考虑了这种影响,如图4-9所示。

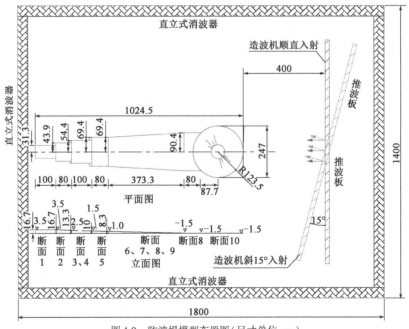

图4-9　防波堤模型布置图(尺寸单位:cm)

4.7.3 波浪模拟

4.7.3.1 试验波谱

不规则波采用频谱模拟,试验首先考虑采用《海港水文规范》(JTS 145-2—2013)中推荐的波谱。《海港水文规范》(JTS 145-2—2013)将规范谱描述为:对于有限深度水域($0.1 < H^* \leqslant 0.5$),当已知有效波高和有效周期时,风浪频谱可按下列公式计算。

当 $0 \leqslant f \leqslant 1.05/T_s$ 时:

$$S(f) = 0.0687H_s^2 T_s P \cdot$$

$$\exp\left\{-95 \times \left[\ln \frac{P(5.813 - 5.137H^*)}{(6.77 - 1.088P + 0.013P^2)(1.307 - 1.426H^*)}\right] \times (1.1T_s f - 1)^{12/5}\right\}$$

当 $f > 1.05/T_s$ 时:

$$S(f) = 0.0687H_s^2 T_s \frac{(6.77 - 1.088P + 0.013P^2)(1.307 - 1.426H^*)}{5.813 - 5.137H^*}$$

$$\left(\frac{1.05}{fT_s}\right)^m$$

此时,

$$H^* = 0.626H_s/d$$

应当满足

$$0.5 \geqslant H^* > 0.1$$
$$m = 2(2 - H^*)$$
$$P = 95.3H_s^{1.35}/T_s^{2.7}$$
$$1.27 \leqslant P < 6.77$$

式中:H_s——有效波高,m;

T_s——有效周期,s,$T_s = 1.15T$,T 为平均周期;

P——谱尖度因子;

H^*——波高水深比的一个参数;

d——水深,m。

在规范谱中有两个参数来决定其适用条件即 H^* 和 P。其中 H^* 决定采用深水谱公式还是有限水深公式;P 决定每个公式的适用范围。当 $0.5 \geqslant H^* > 0.1$ 为有限深度水域,此时 P 要满足 $1.27 \leqslant P < 6.77$。根据试验要求中给出的水位和波浪要素进行计算,结果见表4-11。从表可知,H^* 值均满足规范谱有限水深公式,而 P 值各水位均不满足有限水深公式,对于波要素中不满足规范谱的情况,试验采用了国内外常用的 JONSWAP 谱。该谱与规范谱比较接近,其解析式为:

$$S(f) = \beta_{\mathrm{j}} H_{1/3}^2 T_{\mathrm{P}}^{-4} f^{-5} \exp\left[-\frac{5}{4}(T_{\mathrm{p}}f)^{-4}\right] \times r\exp\left[-(f/f_{\mathrm{p}}-1)^2/2\sigma^2\right]$$

式中：$\beta_{\mathrm{j}} = \dfrac{0.06238}{0.230+0.0336r-0.185(1.9+r)^{-1}}[1.094-0.01915\ln r]$；

$T_{\mathrm{P}} = T/[1-0.532(r+2.5)^{-0.569}]$；

$$\sigma = \begin{cases} 0.07 & f \leqslant f_{\mathrm{p}} \\ 0.09 & f > f_{\mathrm{p}} \end{cases}$$；

r——谱峰因子，试验取 3.3；

f_{p}——峰频，为谱峰频周期 T_{P} 的倒数；

$S(f)$——谱密度；

$H_{1/3}$——有效波高；

f——频率；

T——平均周期。

重现期为 50 年试验波浪要素规范谱参数 表 4-11

类 型	水位(m)	水深(m)	H_{s}(m)	T_{s}(s)	H^*	P
防波堤工程 (泥面高程 -1.5m)	极端高水位	6.64	2.50	7.94	0.24	1.22
	设计高水位	5.50	2.21		0.25	1.03
	平均水位	3.46	1.62		0.29	0.68
	设计低水位	1.74	1.16		0.42	0.43

4.7.3.2 波浪率定

为了提高模拟精度和造波工作效率，在模型摆放之前，首先率定原始波要素。通过在防波堤前 -1.5m 处布置波高仪来测定波谱，以达到目标值。对于不规则波采用频谱模拟，将给定的有效波高及周期送入计算机进行波谱模拟，经过修正后，使峰频附近谱密度、峰频、谱能量、有效波高等满足试验规程要求，即：

(1) 波能谱总能量的允许偏差为 ±10%。

(2) 峰频模拟值的允许偏差为 ±5%。

(3) 在谱密度大于或等于 0.5 倍谱密度的范围内，谱密度分布的允许偏差为 ±15%。

(4) 有效波高、有效波周期或谱峰周期的允许偏差为 ±5%。

(5) 模拟的波列中 1% 累积频率波高、有效波与平均波高比值的允许偏差为 ±15%。每组波要素的波列都保持波个数在 100 以上，根据试验要求，针对不同断面，在各个水位依据给定的波浪要素进行率定，将最后得到的造波参数存储在计算机中。试验时依据对应率定好的造波信号进行造波。

4.7.3.3 模型试验方法

进行防波堤各部分稳定性试验时,每个水位条件下模拟原体波浪作用时间取3h,以便观察断面在波浪累积作用下的变化情况。根据波浪试验规程规定,每组至少重复3次。当3次试验现象差别较大时,增加重复次数。每次试验单元块体均重新摆放。

4.7.3.4 块石稳定性判断

在波浪累积作用下观察护面形状改变情况,依据其表面是否发生明显变形、是否失去护面功能判断其稳定性。对于块石护面表面形状有所改变但不失去其护面功能,则判定其为临界稳定。试验通过观察判断,对试验中块石的稳定性描述包括:摆动——随波浪摆动,没有累积位移;滚动——随波浪向海侧或岸侧滚动、跳动,有明显位移;个别动——少于表面块体总数的1%,可数的有数几个;少量动——约为表面块体总数的1%~10%;大面积动——多于表面块体总数的10%,不可数。对于块石失稳率计算规程无明确规定,本项研究中,暂取一倍波长范围内的堤长作为参考段,另外参考文献[4]试验结果。失稳率n值计算按下式:

$$n = \frac{n_\mathrm{d}}{N_1} \times 100(\%)$$

式中:n——失稳率(%);

n_d——静水位上、下各一倍设计波高范围内块石的失稳数;

N_1——静水位上、下各一倍设计波高范围内块石的总数。

4.7.3.5 栅栏板稳定性判断

栅栏板护面稳定性的判断是观察其位移情况进行判断,试验中当累积位移超过单个块体的厚度时判断为失稳。失稳的断面要进行重复试验,重复试验也失稳的,判断为断面失稳;重复试验不失稳,分析失稳原因。没有位移即为稳定。

4.7.3.6 胸墙稳定性判断

胸墙的失稳形式为滑移与倾斜,试验通过测针或可刻度标记判断胸墙的稳定,用刻度尺测量胸墙的位移变化。有明显位移或在波浪累积作用下继续加大的判断为失稳。有微小位移(取模型值不大于1~2mm)但在波浪累积作用下不再发展的判断为临界失稳。

4.7.3.7 浆砌块石的稳定性判断

浆砌块石护面稳定性的判断是观察其位移情况进行判断,试验中当浆砌块石滑落或跳出时,即判断为失稳。当波浪累积作用下出现局部缝隙加大至半倍块体边长以上时,也判断为失稳。失稳的断面要进行重复试验,重复试验也失稳的,判断为断面失稳;重复试验不失稳,分析失稳原因。各种块体没有位移即为稳定。

4.8 试验成果及分析

4.8.1 波浪顺直(90°)入射试验

防波堤工程泥面高程所处的位置为 -1.5 ~ +3.5m,外海浆砌块石胸墙平台顶高程为 +7.0m,通过一条顶高程为 +5.5m 浆砌块石胸墙道路与岸滩相连。靠外海设计采用不同形状栅栏板护面,岸边采用浆砌块石护面,以质量 60 ~ 100kg、坡度为 1:2 的块石护底。

4.8.1.1 防波堤块体稳定性试验

在设计低水位 +0.24m,重现期为 50 年 $H_{13\%} = 1.16m$、$T_s = 7.94s$ 不规则波作用时:波列中波浪大部分在堤前已经发生破碎(图 4-10),在迎浪面破碎波冲击 800 ~ 1000kg 块石,未发现有块石滚落或晃动,因此认为破波对其稳定性影响不大。当破碎波经过时,迎浪面质量为 60 ~ 100kg 护底块石表面有少量滚向海侧。同时圆台迎浪面由于波浪反射,波高有所增加。在圆台两侧及背浪侧,圆台对顺直入射波浪影响而形成绕射,绕射波对于圆台两侧块石而言即为斜向浪作用,两侧质量为 60 ~ 100kg 的护底块石表面也有少量块石滚落。在圆台与岸之间道路段块体,由于受到圆台的掩护以及水深浅因素的影响,波浪破碎,波高逐渐减小,断面各部分均能保持稳定。波浪经圆台绕射后顺堤入射,波浪在块石斜坡面上又发生折射后,沿堤发生破碎,最后波浪在岸滩上消散。在波浪持续作用3h(原体值,以下同)后,圆台迎浪及两侧滚落的少量 60 ~ 100kg 护底块石,即约为表面块体总数的 1% ~ 10% 没有发展,且块石未丧失其护底功能,因此认为其稳定,防波堤其他各部分均保持稳定。

图 4-10 大波冲击浆砌块石胸墙

在平均水位 +1.96m,重现期为 50 年 $H_{13\%}=1.62$m、$T_s=7.94$s 不规则波作用时:静水位淹没 B6 型栅栏板平台,波列中大波在堤前已发生破碎,在迎浪面破碎波冲击 B5 型栅栏板,未发现栅栏板间有位移,因此认为波浪对其稳定影响不大,同时质量为 800 ~ 1000kg、60 ~ 100kg 的块石也均能保持稳定。在圆台两侧及背浪侧,由于圆台绕射后形成斜向浪作用,该位置 800 ~ 1000kg 块石平台上有两块石被波浪冲至 B6 型栅栏板平台,设定在一倍波长范围内计算失稳率为 0.4%,满足失稳率 1% ~ 2% 的要求,因此认为块石稳定。同时质量为 60 ~ 100kg 的块石少量滚向海侧。在圆台与岸之间道路段块体,与设计低水位相同绕射后波浪顺堤,并在防波堤斜坡面发生折射而破碎,波浪沿堤逐渐减小,断面各部分均能保持稳定。在波浪持续作用 3h 后,圆台两侧滚落的个别 800 ~ 1000kg 及 60 ~ 100kg 护底块石没有继续发展,且块石也未丧失其应有功能,因此认为块石稳定,防波堤其他各部分仍能保持稳定。

在该水位波浪条件下,将散落的块石重新摆放后,进行重复性试验,在相同波浪作用下,绕射形成的斜向浪作用块石仍有滚落的现象。波浪连续作用 3h 后,同样发现滚落的数量没有发展,防波堤各部分继续保持稳定。

在设计高水位 +4.0m,重现期为 50 年 $H_{13\%}=2.21$m、$T_s=7.94$s 不规则波作用时:静水位淹没至 B3 型栅栏板位置,在圆台迎浪面,波列中大波直接冲击 +7.0m 圆台(即浆砌块石胸墙),迎浪面破碎,破碎后返回海侧水体直接作用于 B2 型栅栏板平台,未发现 B2 型栅栏板有位移,因此认为破碎波对 B2 型栅栏板影响不大。大波经过时,质量为 800 ~ 1000kg、60 ~ 100kg 块石有晃动现象。波浪连续作用后,其护面、护底形状未发生变化,不丧失其功能,因此认为稳定。在圆台两侧及背浪侧,冲击 +7.0m 圆台的部分水体沿 B2 型栅栏板平台和经 B3、B4 型栅栏板斜坡绕射后的波,在两侧形成的波能集中,波能作用在栅栏板和块石上。虽然各块体均能保持稳定,但观测到栅栏板间空隙有发生调整,可见形成波能集中对块体的稳定性仍存在影响。因此建议栅栏板施工时,要求栅栏板之间的过渡需要有良好平整性,有助于块体的稳定。在圆台与岸之间道路段块体,与设计低水位和平均水位相同绕射后波浪仍顺堤入射,并在防波堤斜坡面发生折射而破碎,断面各部分均能保持稳定。在波浪持续作用 3h 后,防波堤各部分均保持稳定。

在其他条件不变情况下,将不规则波波高按 15% 一级增加至破碎($H_{13\%}=3.3$m、$T_s=7.94$s)后进行各组试验,观测波浪对各类型栅栏板、胸墙、块石稳定情况,在波浪持续作用 3h 后,防波堤各部分仍能继续保持稳定。

在极端高水位 +5.14m,重现期为 50 年 $H_{13\%}=2.50$m、$T_s=7.94$s 不规则波

作用时:在圆台迎浪面波列中大波水体沿着 1∶1.5 斜坡直接冲击胸墙,发生破碎,连续波浪作用后,未发现胸墙与块体间有位移,因此认为破碎波对胸墙稳定性影响不大,因此认为胸墙稳定。各类型栅栏板、质量为 800 ~ 1000kg 护面块石及 60 ~ 100kg 护底块石在波浪持续作用 3h 后均能保持稳定。在圆台两侧及其背浪侧,由于水深的增加,由波浪产生大量沿 B2 型栅栏板平台上向后绕射传递波,正好与沿圆台斜坡绕射的波在圆台背浪侧与路连接位置发生叠加而破碎,形成波能集中现象,波能集中强于设计高水位。破碎波形成的波能集中作用连接处栅栏板,观测栅栏板间空隙有发生调整,在波浪持续作用 3h 后,未发现有位移,因此栅栏板稳定。在圆台与岸之间道路段块体,与设计高水位相同绕射后波浪将整个道路淹没,由于波浪顺堤传递,在防波堤斜坡面发生折射而破碎,破碎波浪对道路段胸墙影响不大。在波浪持续作用 3h 后,防波堤其他各部分仍能保持稳定。

4.8.1.2 波浪爬高及越浪试验

在设计低水位 +0.24m,重现期为 50 年 $H_{13\%} = 1.16m$、$T_s = 7.94s$ 不规则波作用时,由于堤前水深较浅,波列中大部分波在堤前发生破碎,破碎波在防波堤的圆台迎浪面爬高最高,位置为 +1.35m 即 B6 型栅栏板平台上。在圆台两侧及背浪侧和圆台与岸之间道路段,由于受到圆台的掩护,波高较小,波浪爬高均小于该高程。

在平均水位 +1.96m,重现期为 50 年 $H_{13\%} = 1.62m$、$T_s = 7.94s$ 不规则波作用时:静水位于 B5 型栅栏板位置,与设计低水位相同,波列中大波在堤前破碎,位于迎浪面波浪爬高最高,位置为 +4.83m,其他部位波浪爬高均小于该高程。

在设计高水位 +4.0m,重现期为 50 年 $H_{13\%} = 2.21m$、$T_s = 7.94s$ 不规则波作用时,波列中大波直接作用于圆台迎浪面的直立浆砌块石胸墙,破碎后形成了垂直上升的连续水体,水体最高至 3.2m。下落水体的部分至 +7.0m 的平台上,另一部分返回海侧,浆砌块石圆台的上水体范围大部分集中在圆台迎浪面的八分之一内。在圆台两侧及背浪侧,由于圆台的掩护,波高小于迎浪面,波浪爬高至 +4.83m 高程。在圆台与岸之间道路段,由于圆台绕射后的波浪顺堤入射,经斜坡式栅栏板而引起的折射,波浪基本顺直作用于浆砌块石胸墙,由于道路段堤逐渐缩小特性,绕射后传递波浪最终在道路段距圆平台 36m 的地方,路两侧均有水体越过 +5.5m 胸墙顶而冲上路面,两侧上水的水舌厚度为 0.30m。在其余道路段位置均未发现上水现象。

在极端高水位 +5.14m,重现期为 50 年 $H_{13\%} = 2.50m$、$T_s = 7.94s$ 不规则波作

用时,由于堤前水深较深,在圆台迎浪面,波列中大波直接冲上 +7.0m 的圆平台,大量水体越堤,同时也形成了垂直上升的连续水体。上升的最大高度达7.5m,量测越过水体距胸墙后边缘最大距离 $L=10\text{m}$,上水的最大水舌厚度 $h=1.20\text{m}$。圆台上水的范围主要集中在迎浪面的 1/2 圆内,见图4-11。在圆台两侧及背浪侧,同样由于整个圆台的掩护,其波高小,波浪爬高最大至 +6.5m 高程。在圆台与岸之间道路段,波浪沿着圆台绕射后,整个道路均上水,其中一部分来自圆平台上水体,另一部分水体来自绕圆形浆砌块石胸墙平台的绕射波与道路连接处入射波叠加后,两股波浪从路两侧直接冲上道路。其上水最大水舌厚度位置与设计高水位基本一样仍在距平台36m处。最大水舌厚度 $h=3.3\text{m}$。

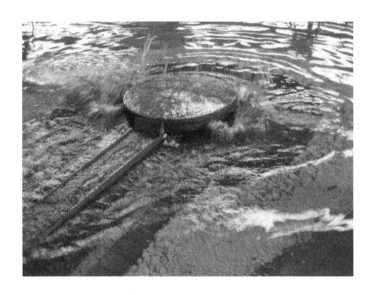

图4-11　波浪直接冲上圆平台

4.8.2　波浪斜向(75°)入射试验

波浪斜向入射,其余试验条件均与顺直入射相同。

4.8.2.1　防波堤块体稳定性试验

在设计低水位、平均水位、重现期50年波浪作用下,试验现象与顺直入射各水位波浪作用时基本一致,但在迎浪面圆台与道路连接的位置处,形成波能集中。该位置处质量为 60～100kg 的护底块石和质量为 800～1000kg 的棱体块石表面部分晃动和少量滚落海侧,块石未丧失其功能,因此认为其临界稳定。防波堤其他各部分能保持稳定。

在设计高水位、极端高水位重现期 50 年波浪作用下,在迎浪面圆台与道路连接的位置处,形成波能集中较波浪顺直作用时有增加。观测该位置栅栏板之间存在明显的松动现象,但未发现有位移存在,因此认为该位置处栅栏板处于临界稳定。在波浪持续作用 3h 后,防波堤其他各部分继续能保持稳定。

4.8.2.2 波浪爬高及越浪试验

在重现期为 50 年,设计低水位 +0.24m $H_{13\%} = 1.16$m、$T_s = 7.94$s 和在平均水位 +1.96m $H_{13\%} = 1.62$m、$T_s = 7.94$s 不规则波作用下,波浪爬高情况与顺直入射波浪作用时基本一致。仍在迎浪面,波浪爬高最高。最高仍分别至 +1.35m 和 +4.83m 高程,其他部位波浪爬高均小于该值。

在设计高水位 +4.0m,重现期为 50 年 $H_{13\%} = 2.21$m、$T_s = 7.94$s 不规则波作用下:在圆台迎浪面及其背浪面波浪爬高、上浪与波浪顺直入射时基本一致。而在圆台与岸之间道路段与顺直入射有不同,道路段仅在迎浪侧存在上浪。上水位置在圆台后方距平台 30m 的地方,其水舌厚度为 0.54m。

在极端高水位 +5.14m,重现期为 50 年 $H_{13\%} = 2.50$m、$T_s = 7.94$s 不规则波作用时:在圆台迎浪面及其背浪面的波浪爬高、上浪与顺直入射时基本一致,正对的圆台面水体冲上平台。而在圆台与岸之间道路段与顺直入射也有不同,在道路的迎浪面波浪水体冲上道路面后,直接进入道路背浪侧。而受圆台的掩护道路背浪仅有少量上浪。量测两侧上水的最大水舌厚度 h 分别为 0.9m 和 3.6m。

4.8.3 破坏性试验

依据试验结果,在波浪顺直入射块体在各水位重现期 50 年防波堤各部分均能保持稳定。斜向入射时,形成波能集中区域块体处于临界稳定。另外增加通过加大波高至极限,寻找块体破坏性波高试验。试验时按波高 15% 逐级增加。

4.8.3.1 波浪顺直(90°)入射试验

在其他条件不变情况,将其波高加大 15% ($H_{13\%} = 2.88$m、$T_s = 7.94$s)进行试验,试验现象与原设计波高波浪作用基本一致。波能集中现象有增加,波浪持续作用 3h 后,防波堤各部分仍继续保持稳定。

然后将不规则波波高加大 30% ($H_{13\%} = 3.25$m、$T_s = 7.94$s)进行试验,试验现象仍与原设计波高作用基本一致,但在圆台背浪侧与道路连接位置处形成波能集中明显。同时发现该位置处栅栏板有明显发生松动,在波浪持续作用 3h

后,栅栏板间未发现有位移,因此认为该位置栅栏板处于临界稳定状态。但防波堤各部分仍继续保持稳定。

当将不规则波波高加大至40%($H_{13\%}=3.5\mathrm{m}$、$T_s=7.94\mathrm{s}$)进行试验时,试验现象与原设计波高作用基本一致,但在圆台背浪侧与道路连接位置形成波能集中程度再度增强,波浪的连续冲击作用,最终致使该位置栅栏板失稳。在波浪继续作用3h后圆台两侧栅栏板失稳的程度加大,栅栏板底部垫层块石被掏空,圆台整体失稳。但在圆台迎浪面及圆台与岸之间道路段块体均能保持稳定。可见,因圆台绕射而形成的波能集中对圆台两侧栅栏板稳定性影响较大,因此建议对于栅栏板的施工时,尽量保持栅栏板之间的过渡需要有良好平整性,不能出现有栅栏凸起的地方,从而减轻波能集中作用,有利于块体的稳定。

4.8.3.2 波浪斜向(75°)入射试验

在其他条件不变情况,将不规则波波高加大15%($H_{13\%}=2.88\mathrm{m}$、$T_s=7.94\mathrm{s}$)进行了试验,在迎浪面圆台与道路连接的位置处,形成波能集中明显大于设计波高时。形成的波能集中连续作用于该位置B2栅栏板,最终致使该位置B2型栅栏板失稳。波浪继续作用3h后,失稳的栅栏板数量未增加,但失稳栅栏板位置底部垫层块石被掏空。因此建议对于栅栏板的施工时,要求栅栏板之间的过渡需要有良好平整性。在圆台及圆台与岸之间道路段背浪侧,由于受圆台的掩护,未发现栅栏板间有松动,因此波浪对该位置栅栏板稳定性的影响不大。防波堤各断面其他位置块体仍保持稳定。

4.9 小结

本章通过对月牙湾浴场改造工程防波堤局部整体物理模型试验,得出以下结论与建议:

(1)防波堤工程在各水位,重现期为50年波浪在顺直(90°)入射作用下,断面各部分均保持稳定。

(2)防波堤工程在各水位,重现期为50年波浪在斜向(75°)入射作用下,在迎浪面圆台与道路连接位置处于波能集中区域内块体为临界稳定。其他各部分均保持稳定。

(3)在极端高水位波浪顺直(90°)入射波高增加40%($H_{13\%}=3.5\mathrm{m}$、$T_s=7.94\mathrm{s}$)和斜向(75°)入射不规则波增加15%($H_{13\%}=2.88\mathrm{m}$、$T_s=7.94\mathrm{s}$)波浪作用下,经圆台绕射在道路与圆平台连接位置处形成波能集中,波能连续作用后该位置栅栏板失稳,说明绕射后的波能集中对栅栏板稳定影响较大。因此,建议栅栏板施工时,要求栅栏板之间应尽量保持良好平整性。

(4)防波堤工程在重现期为 50 年,设计低水位和平均水位波浪在顺直(90°)和斜向(75°)入射作用下,波浪爬高至 +1.35m 和 +4.83m。

5   生态工程技术

历史天成的海岸具有其自身的发展轨迹,自然的动力与海岸相辅相成,塑造源于动力,侵蚀也源于动力。如何利用自然的动力实现沙滩养护是研究和工程人员的执着追求。这里吸收发展了国外的排水管养滩技术(PEM)和进行的一些尝试,成功与否,还待进一步的检验。

5.1   研究概况

这里以龙岛沙滩修复项目为例,进行数值模拟和物理模型试验研究。龙岛位于唐山市曹妃甸区南部海域近海地带,地理坐标在东经 $118°41'$ 至 $118°45'$、北纬 $39°00'$ 至 $39°43'$ 之间(图 5-1),为古滦河入海冲积而成,是海中一座东北西南走向的倒"L"形原始沙岛。其横卧在曹妃甸海域老龙沟东侧,似龙脊,故名"龙岛"。涨潮时,该岛面积不足 $4km^2$,常水位下东西长约 $7km$,南北宽约 $100m$ 至 $1km$ 不等,$-3m$ 以内浅水区域约 $40km^2$,属半隐半现的海中沙岛,是迄今为止发现的尚未开发的我国北方最大一个无人岛,除南端小块地块外,宽度均在 $100m$ 以上。该岛地理位置优越,旅游资源丰富,旅游开发前景广阔。目前,冀东油田在该处建有两个人工岛,总占地 13.3 万 m^2(200 亩),正在进行基础设施建设。岛南侧海中已经建设好的码头,有栈桥与人工岛相连。

根据调查、监测资料分析,作为曹妃甸海滨特色的离岸沙坝岛——龙岛正在逐渐消失,如果任其发展下去,其海岸带资源环境将深度恶化,达到不可恢复的程度。这对曹妃甸海洋环境和社会经济的影响是巨大的。因此,为提高曹妃甸龙岛稳定性,减缓岸滩侵蚀退化,需采取一定的工程措施修复海岛受损生态功能。这对改善龙岛生态环境,打造清洁、美观的生态海岛,保护珍贵的海岛资源,加快龙岛附近旅游资源整合与深度开发意义重大,并可为后续的龙岛生态环境保护工作奠定基础。

根据龙岛修复规划,将在龙岛迎浪侧铺设 PEM 固沙设施,在岛西南角和东北角建设防护工程,并将龙岛中间的冲槽吹填加高,以阻止泥沙的流失。修复工程分三期实施,修复方案及分期见图 5-2。

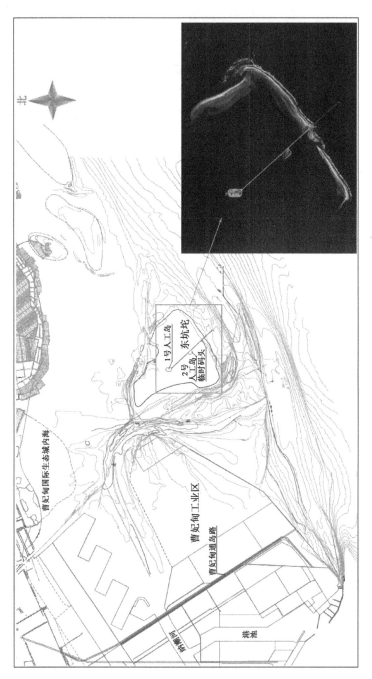

图 5-1　龙岛工程位置示意图

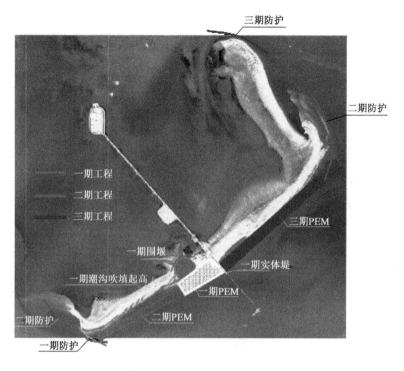

图 5-2 龙岛修复方案示意图

其中第一阶段包括现有人工岛引桥南侧 PEM 固沙工程、引桥南侧实体防护堤以及岛南端部分防护堤段;工程第二阶段包括第一阶段 PEM 固沙段至南侧防护堤之间的 PEM 固沙段,同时延长岛南端一起防护堤段,并建设岛东侧防护堤段;工程第三阶段包括现有人工岛北侧 PEM 固沙段以及岛北端防护堤段。

曹妃甸龙岛修复工程主要包括防波堤修建和 PEM 养滩技术。进行了工程区潮流泥沙数学模型研究为防波堤的设计和施工提供了技术参数。由于 PEM 技术在国内的研究和应用均较少,需要通过物理模型试验对其进行深入的研究,对曹妃甸龙岛沙滩进行了初步的断面物理模型试验研究,论证 PEM 人工养滩技术的可行性,并为下一步的现场试验段试验提供技术参考。

PEM 系统是以矩形形式沿海岸线放置的竖直过滤器,如图 5-3、图 5-4 所示。涨潮时海水携带泥沙涌向沙滩,此时的沙滩湿润而不饱和,大量的海水通过 PEM 管快速流入沙滩内部,海水携带的泥沙沉积在 PEM 管周围。由于 PEM 管的存在,涨潮时沉积在沙滩的上的沙料要多于落潮时海水带走的沙料,从而使沙滩慢慢淤积,达到沙滩修复的目的。

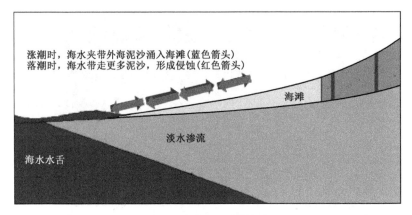

图 5-3　安装 PEM 系统之前

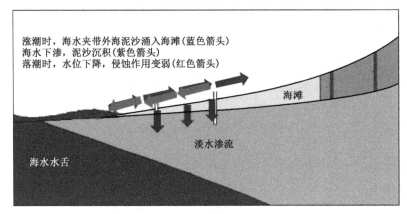

图 5-4　安装 PEM 系统之后

PEM 系统的核心结构为压力平均化模块透水管,通过波浪水槽泥沙断面物理模型试验了解与把握沙滩剖面与沙层渗透性规律。研发透水管并通过布设透水管进行了现场试验,希望通过现场和模型试验能够了解与把握透水管促淤保滩规律的认识,验证透水管沙滩养护技术的效果,为曹妃甸龙岛沙滩整治和养护工程引入一种绿色、低碳的新技术。

5.2　海洋水动力条件与数学模型研究

5.2.1　海洋水动力条件

工程海岸面对渤海,对该海域多年的风和浪进行分析,统计不同季节和年的风、波浪分频分级图表见图 5-5 ～图 5-9、表 5-1 ～表 5-10。

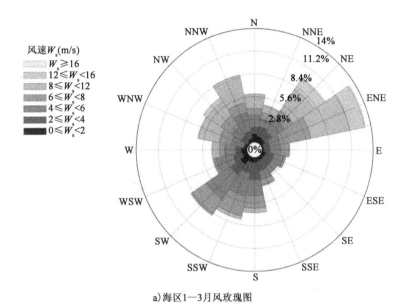

a)海区1—3月风玫瑰图

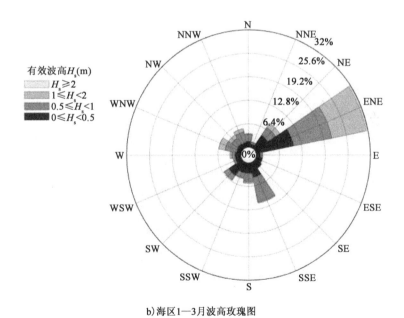

b)海区1—3月波玫瑰图

图 5-5　工程海区 1—3 月风玫瑰图、波玫瑰图
(常风向和强风向为 ENE 向,常浪向和强浪向为 ENE 向)

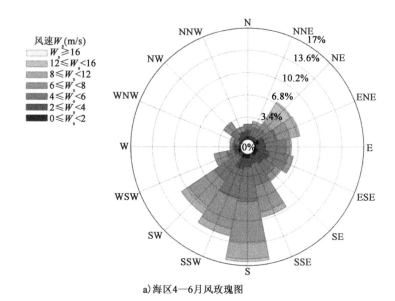

a) 海区4—6月风玫瑰图

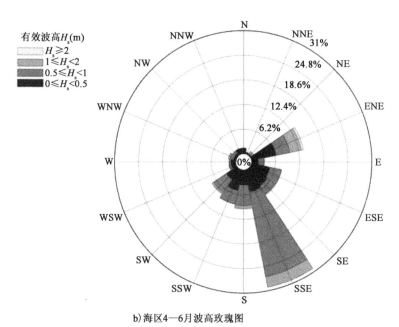

b) 海区4—6月波玫瑰图

图5-6　工程海区4—6月风玫瑰图、波玫瑰图

（常风向和强风向为S向,常浪向为SSE向,强浪向为ENE向）

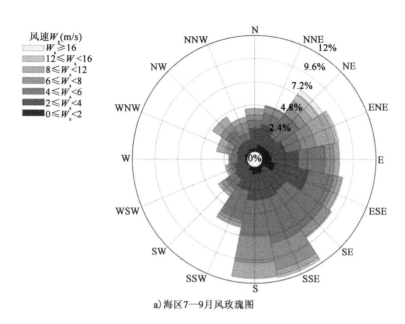

a)海区7—9月风玫瑰图

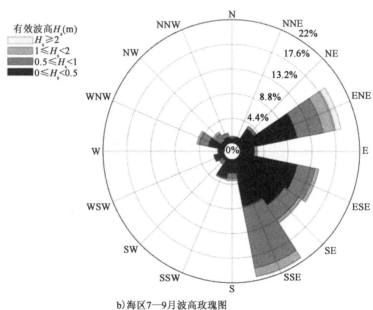

b)海区7—9月波高玫瑰图

图5-7 工程海区7—9月风玫瑰图、波玫瑰图
(常风向为 SSE,强风向为 ENE 向,常浪向为 SSE 向,强浪向为 ENE 向)

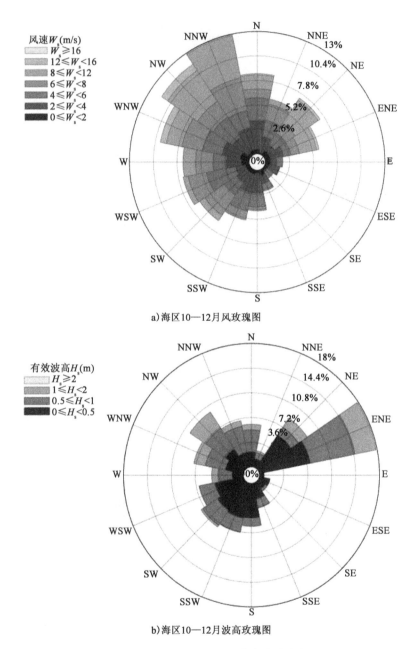

a)海区10—12月风玫瑰图

b)海区10—12月波高玫瑰图

图 5-8　工程海区 10—12 月风玫瑰图、波玫瑰图

（常风向和强风向集中在 NNW 向，常浪向和强浪向为 ENE 向）

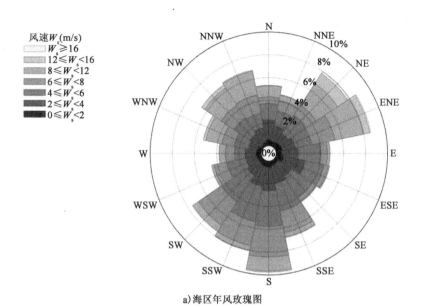

a)海区年风玫瑰图

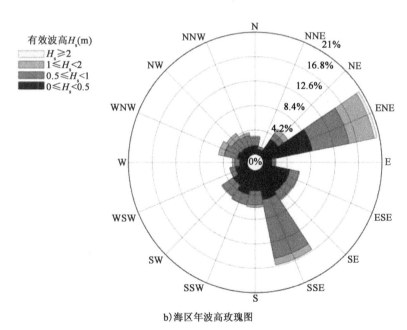

b)海区年波高玫瑰图

图 5-9 工程海区年风玫瑰图、波玫瑰图

(风向分布较宽,常风向依次为 S、ENE、NE 向,强风向为 NE 向,常浪向依次为 ENE、SSE 向,强浪向为 ENE 向)

109

表 5-1

工程海区 1—3 月风速分频分级统计表（单位：%）

风速 (m/s)	N	NNE	NE	ENE	E	ESE	SE	SSE	S	SSW	SW	WSW	W	WNW	NW	NNW	合计
									风向								
0~2.0	0.97	0.69	0.55	0.14	0.14	0.41	0.41	0.41	0.57	0.55	1.11	0.55	0.69	0.28	0.14	0.41	8.02
2.0~4.0	0.83	1.24	1.11	0.83	0.83	1.11	1.11	1.24	2.07	1.38	1.52	1.24	0.69	0.14	0.97	0.98	17.29
4.0~6.0	1.52	0.97	1.94	1.38	1.38	1.24	0.97	1.11	2.07	2.92	3.73	2.21	1.38	1.66	1.52	2.35	28.35
6.0~8.0	0.83	0.83	1.24	3.87	0.97	0.28	0	0.69	1.52	2.49	2.21	0.28	0.69	1.52	1.66	1.24	20.33
8.0~12.0	1.80	0.83	3.18	4.98	0.14	0	0	0.14	0.55	0.41	0.14	0.14	0.97	2.63	2.07	3.18	21.16
12.0~16.0	0	0.14	1.52	1.94	0	0	0	0	0	0	0	0	0	0.14	0.55	0.28	4.57
≥16.0	0	0	0.14	0.14	0	0	0	0	0	0	0	0	0	0	0	0	0.28
合计	5.95	4.70	9.68	13.28	3.46	3.04	2.49	3.59	6.78	7.75	8.71	4.42	4.42	6.37	6.92	8.44	100.00

表 5-2

工程海区 1—3 月波浪分频分级统计表（单位：%）

H_s (m)	T_m (s)	N	NNE	NE	ENE	E	ESE	SE	SSE	S	SSW	SW	WSW	W	WNW	NW	NNW	合计
0~0.5	0~4.0	1.52	0.55	0.69	4.01	0.83	1.52	1.66	2.21	2.77	2.77	4.15	1.52	1.52	1.11	1.38	1.25	29.46
0~0.5	4.0~8.0	0	0.28	3.73	6.50	0.28	0.28	0.41	1.80	0	0	0.28	0	0	0.14	0	0	13.70
0~0.5	≥8.0	0	0	0	0	0	0	0	0	0	0	0	0	0	0	0	0	0
0.5~1.0	0~4.0	1.38	0.55	0.98	1.94	0.28	0	0	0.97	1.24	1.38	1.38	0	0.69	1.24	1.24	1.80	15.07
0.5~1.0	4.0~8.0	0.69	0.14	1.66	8.99	0.41	0	0.14	5.95	1.11	0.14	0.28	0.69	0.28	2.07	0.83	1.24	24.62
0.5~1.0	≥8.0	0	0	0	0	0	0	0	0	0	0	0	0	0	0	0	0	0
1.0~2.0	0~4.0	0	0	0	0	0	0	0	0	0	0	0	0	0	0	0	0	0
1.0~2.0	4.0~8.0	0.14	0	1.38	9.96	0	0	0	0.28	0.41	0.14	0	0	0.55	1.8	1.11	0.97	16.74
1.0~2.0	≥8.0	0	0	0	0	0	0	0	0	0	0	0	0	0	0	0	0	0
≥2.0	0~4.0	0	0	0	0	0	0	0	0	0	0	0	0	0	0	0	0	0
≥2.0	4.0~8.0	0	0	0	0.41	0	0	0	0	0	0	0	0	0	0	0	0	0.41
≥2.0	≥8.0	0	0	0	0	0	0	0	0	0	0	0	0	0	0	0	0	0
合计		3.73	1.52	8.44	31.81	1.8	1.8	2.21	11.2	5.53	4.43	6.09	2.21	3.04	6.36	4.56	5.26	100.00

工程海区 4—6月风速分频分级统计表(单位:%)

表 5-3

风速(m/s)	N	NNE	NE	ENE	E	ESE	SE	SSE	S	SSW	SW	WSW	W	WNW	NW	NNW	合计
0~2.0	0.41	0.14	0.14	0.68	0.14	0.41	0.41	0	0.54	0.55	0	0.41	0.14	0	0.14	0.14	4.25
2.0~4.0	0.96	0.41	0.41	0.82	1.50	1.92	1.50	1.50	1.37	1.78	0.55	0.55	0.82	0.27	0.55	0.96	15.87
4.0~6.0	0.96	1.37	1.64	2.05	3.28	3.01	2.19	3.42	5.34	4.51	4.65	1.23	0.27	0.82	1.37	0.14	36.25
6.0~8.0	0	0.55	0.96	2.05	0.55	0.82	0.82	4.10	6.16	4.79	4.65	2.05	0.41	0.14	1.09	0.68	29.82
8.0~12.0	0	0.41	2.19	1.50	0.27	0	0.27	0.82	2.60	1.09	1.37	0	0	0.41	0.27	0.14	11.34
12.0~16.0	0	0	1.64	0	0	0	0	0	0.41	0	0	0	0	0.14	0	0	2.19
≥16.0	0	0	0.14	0.14	0	0	0	0	0	0	0	0	0	0	0	0	0.28
合计	2.33	2.88	7.12	7.24	5.74	6.16	5.19	9.84	16.42	12.72	11.22	4.24	1.64	1.78	3.42	2.06	100.00

风 向

工程海区 4—6月波浪分频分级统计表(单位:%)

表 5-4

H_s(m)	T_m(s)	N	NNE	NE	ENE	E	ESE	SE	SSE	S	SSW	SW	WSW	W	WNW	NW	NNW	合计
0~0.5	0~4.0	1.37	0.41	0.14	3.01	1.50	3.01	4.38	4.10	3.69	5.20	3.15	1.09	1.09	0.41	0.55	1.37	34.47
	4.0~8.0	0	0	0	3.42	0.14	1.78	0.82	1.5	0	0	0	0	0	0	0	0	7.66
	≥8.0	0	0	0	0	0	0	0	0	0	0	0	0	0	0	0	0	0
0.5~1.0	0~4.0	0	0	0.14	0.68	0.68	0.96	0.68	3.56	3.01	3.28	2.60	0.55	0.41	0.55	0.27	0	17.37
	4.0~8.0	0	0	0.14	3.01	0.82	2.19	1.78	18.19	2.19	0.27	1.36	0	0	0.55	0.55	0	31.05
	≥8.0	0	0	0	0	0	0	0	0	0	0	0	0	0	0	0	0	0
1.0~2.0	0~4.0	0	0	0.68	3.01	0.14	0	0.27	2.74	0.82	0	0.55	0.14	0.14	0.41	0	0	8.90
	4.0~8.0	0	0	0	0	0	0	0	0	0	0	0	0	0	0	0	0	0
	≥8.0	0	0	0	0	0	0	0	0	0	0	0	0	0	0	0	0	0
≥2.0	0~4.0	0	0	0	0.55	0	0	0	0	0	0	0	0	0	0	0	0	0.55
	4.0~8.0	0	0	0	0	0	0	0	0	0	0	0	0	0	0	0	0	0
	≥8.0	0	0	0	0	0	0	0	0	0	0	0	0	0	0	0	0	0
合计		1.37	0.41	1.10	13.68	3.28	7.94	7.93	30.09	9.71	8.75	7.66	1.78	1.64	1.92	1.37	1.37	100.00

表 5-5

工程海区 7—9 月风速分频分级统计表（单位:%）

风速 (m/s)	N	NNE	NE	ENE	E	ESE	SE	SSE	S	SSW	SW	WSW	W	WNW	NW	NNW	合计
0~2.0	0.27	0.66	0.66	0.81	0.95	1.34	0.27	0.68	0.68	0.41	0	0.14	0.14	0.27	0.14	0.27	7.71
2.0~4.0	2.03	2.17	1.35	1.62	2.84	3.65	2.84	2.71	2.71	2.03	1.62	1.22	0.81	0.81	1.08	0.95	30.44
4.0~6.0	0.95	1.22	2.71	1.76	2.84	2.71	4.74	4.60	3.65	3.10	1.22	0.41	0.68	0.54	1.62	0.81	33.56
6.0~8.0	0.54	0.68	0.95	1.62	0.95	0.41	0.94	2.84	2.84	0.41	0.54	0.27	0.27	0.54	0.68	1.08	15.56
8.0~12.0	0.68	0.14	0.81	2.03	0.54	0.41	0	0.54	1.62	0.27	0.41	0.26	0	1.08	0.95	0.54	10.28
12.0~16.0	0	0	0.81	0.27	0	0.14	0.14	0.27	0	0.14	0	0	0	0	0	0	1.77
≥16.0	0	0	0.54	0.14	0	0	0	0	0	0	0	0	0	0	0	0	0.68
合计	4.47	4.87	7.85	8.25	8.12	8.66	8.93	11.64	11.5	6.36	3.79	2.3	1.90	3.24	4.47	3.65	100.00

表 5-6

工程海区 7—9 月波浪分频分级统计表（单位:%）

H_s (m)	T_m (s)	N	NNE	NE	ENE	E	ESE	SE	SSE	S	SSW	SW	WSW	W	WNW	NW	NNW	合计
0~0.5	0~4.0	0.81	0.95	1.62	7.71	2.57	6.90	9.61	7.04	2.30	3.38	0.54	1.76	0.95	2.84	0.81	1.08	50.87
	4.0~8.0	0	0.13	1.76	2.97	0	3.79	0.41	1.49	0.14	0	0	0	0	0	0	0	10.69
	≥8.0	0	0	0	0	0	0	0	0	0	0	0	0	0	0	0	0	0
0.5~1.0	0~4.0	0.14	0.14	0.54	0.41	0.13	0.54	1.48	2.84	0.54	0.14	0.14	0	0	0.95	1.35	0.41	9.74
	4.0~8.0	0.27	0	0	4.47	0	2.84	1.76	8.39	0.40	0.13	0.67	0.14	0.14	0.81	0.14	0.27	20.43
	≥8.0	0	0	0	0	0	0	0	0	0	0	0	0	0	0	0	0	0
1.0~2.0	0~4.0	0	0	0	0	0	0	0	0	0	0	0	0	0	0	0	0	0
	4.0~8.0	0	0	0	2.30	0.41	0.68	0.54	1.49	0.41	0	0	0	0	0.41	0.41	0.12	6.77
	≥8.0	0	0	0	0	0	0	0	0	0	0	0	0	0	0	0	0	0
≥2.0	0~4.0	0	0	0	0	0	0	0	0	0	0	0	0	0	0	0	0	0
	4.0~8.0	0	0	0	1.08	0.14	0	0.14	0	0	0	0	0	0	0	0	0	1.50
	≥8.0	0	0	0	0	0	0	0	0	0	0	0	0	0	0	0	0	0
合计		1.22	1.22	3.92	18.94	3.25	14.75	13.94	21.38	3.79	3.65	1.35	1.90	1.09	5.01	2.71	1.88	100.00

工程海区 **10—12** 月风速分频分级统计表（单位：%）

表 5-7

风速（m/s）	N	NNE	NE	ENE	E	ESE	SE	SSE	S	SSW	SW	WSW	W	WNW	NW	NNW	合计
0~2.0	0.40	0.13	0.54	0.54	0.54	0.41	0.27	0.54	0.27	0.41	0.41	0.41	0.81	0.95	0.27	0.41	7.31
2.0~4.0	3.11	1.76	0.81	1.49	0.68	1.21	0.14	0.95	2.17	2.03	1.35	1.08	1.62	2.03	2.03	2.44	24.9
4.0~6.0	2.44	1.76	1.49	0.81	0.67	0	0.81	0.67	1.49	2.03	1.62	3.25	1.49	2.17	2.44	1.89	25.03
6.0~8.0	0.95	1.76	1.22	0.95	0	0	0	0.14	0.26	0.95	2.57	2.03	1.89	2.3	2.03	3.52	20.57
8.0~12.0	1.49	0.54	2.98	1.89	0	0	0	0	0.14	0	0.68	0.54	1.35	1.76	3.92	4.6	19.89
12.0~16.0	0.14	0	0.27	0.27	0	0	0	0	0	0	0	0	0	0.67	0.81	0.14	2.3
≥16.0	0	0	0	0	0	0	0	0	0	0	0	0	0	0	0	0	0
合计	8.53	5.95	7.31	5.95	1.89	1.62	1.22	2.3	4.33	5.42	6.63	7.31	7.16	9.88	11.5	13.00	100.00

工程海区 **10—12** 月波浪分频分级统计表（单位：%）

表 5-8

H_s（m）	T_m（s）	N	NNE	NE	ENE	E	ESE	SE	SSE	S	SSW	SW	WSW	W	WNW	NW	NNW	合计
0~0.5	0~4.0	1.76	1.22	2.16	2.57	0.68	1.36	1.22	2.17	5.01	5.15	4.88	4.34	1.63	2.71	3.25	2.17	42.28
	4.0~8.0	0.41	0	3.52	5.15	0	0.27	0	0.13	0	0	0	0	0	0	0.14	0	9.62
	≥8.0	0	0	0	0	0	0	0	0	0	0	0	0	0	0	0	0	0
0.5~1.0	0~4.0	1.22	0.41	0.68	0.41	0	0	0	0.14	0.95	1.49	2.17	1.90	1.75	2.30	1.62	1.63	16.67
	4.0~8.0	1.90	0.54	0.68	6.5	0	0	0.41	1.22	0.27	0.68	0.54	0.54	0.41	0.81	2.03	2.30	18.83
	≥8.0	0	0	0	0	0	0	0	0	0	0	0	0	0	0	0	0	0
1.0~2.0	0~4.0	0	0	0	0	0	0	0	0	0	0	0	0	0	0	0	0	0
	4.0~8.0	0.81	0.27	1.63	3.25	0	0	0	0	0	0	0.27	0	0.95	1.76	2.85	0.81	12.6
	≥8.0	0	0	0	0	0	0	0	0	0	0	0	0	0	0	0	0	0
≥2.0	0~4.0	0	0	0	0	0	0	0	0	0	0	0	0	0	0	0	0	0
	4.0~8.0	0	0	0	0	0	0	0	0	0	0	0	0	0	0	0	0	0
	≥8.0	0	0	0	0	0	0	0	0	0	0	0	0	0	0	0	0	0
合计		6.10	2.44	8.67	17.88	0.68	1.63	1.63	3.66	6.23	7.32	7.86	6.78	4.74	7.58	9.89	6.91	100.00

表5-9

工程海区全年风速分频分级统计表（单位：%）

风速（m/s）	风向																合计
	N	NNE	NE	ENE	E	ESE	SE	SSE	S	SSW	SW	WSW	W	WNW	NW	NNW	
0~2.0	0.51	0.41	0.48	0.55	0.44	0.65	0.34	0.41	0.51	0.48	0.38	0.38	0.44	0.38	0.17	0.31	6.84
2.0~4.0	1.74	1.40	0.92	1.19	1.47	1.98	1.40	1.60	2.08	1.81	1.26	1.02	0.99	0.82	1.16	1.33	22.17
4.0~6.0	1.47	1.33	1.94	1.50	2.05	1.74	2.18	2.46	3.14	3.14	2.80	1.77	0.95	1.30	1.74	1.3	30.81
6.0~8.0	0.58	0.95	1.09	2.11	0.61	0.38	0.44	1.94	2.69	2.15	2.49	1.16	0.82	1.13	1.36	1.64	21.54
8.0~12.0	0.99	0.48	2.29	2.59	0.24	0.1	0.07	0.38	1.23	0.44	0.65	0.24	0.58	1.47	1.81	2.11	15.67
12.0~16.0	0.03	0.03	1.06	0.61	0	0.03	0.03	0.07	0.1	0.03	0	0	0	0.24	0.34	0.1	2.67
≥16.0	0	0	0.20	0.10	0	0	0	0	0	0	0	0	0	0	0	0	0.30
合计	5.32	4.60	7.98	8.65	4.81	4.88	4.46	6.86	9.75	8.05	7.58	4.57	3.78	5.34	6.58	6.79	100.00

表5-10

工程海区全年波浪分频分级统计表（单位：%）

H_s（m）	T_m（s）	N	NNE	NE	ENE	E	ESE	SE	SSE	S	SSW	SW	WSW	W	WNW	NW	NNW	合计
0~0.5	0~4.0	1.36	0.78	1.16	4.33	1.40	3.21	4.23	3.89	3.45	4.13	3.17	2.18	1.30	1.78	1.50	1.47	39.34
	4.0~8.0	0.10	0.10	2.25	4.50	0.10	1.54	0.42	1.23	0.03	0	0.07	0.01	0	0.03	0.03	0	10.41
	≥8.0	0	0	0	0	0	0	0	0	0	0	0	0	0	0	0	0	0
0.5~1.0	0~4.0	0.68	0.27	0.58	0.85	0.27	0.38	0.55	1.88	1.43	1.57	1.57	0.61	0.72	1.26	1.13	0.96	14.7
	4.0~8.0	0.72	0.17	0.61	5.73	0.31	1.26	1.02	8.43	0.99	0.31	0.72	0.34	0.20	1.06	0.89	0.96	23.72
	≥8.0	0	0	0	0	0	0	0	0	0	0	0	0	0	0	0	0	0
1.0~2.0	0~4.0	0.24	0.07	0.92	4.61	0.14	0.17	0.20	1.13	0.41	0.03	0.2	0.03	0.41	1.09	1.09	0.48	11.22
	4.0~8.0	0	0	0	0	0	0	0	0	0	0	0	0	0	0	0	0	0
	≥8.0	0	0	0	0	0	0	0	0	0	0	0	0	0	0	0	0	0
≥2.0	0~4.0	0	0	0	0.51	0.03	0	0.03	0.03	0	0	0	0	0	0	0	0	0.60
	4.0~8.0	0	0	0	0	0	0	0	0	0	0	0	0	0	0	0	0	0
	≥8.0	0	0	0	0	0	0	0	0	0	0	0	0	0	0	0	0	0
合计		3.10	1.39	5.52	20.53	2.25	6.56	6.45	16.59	6.31	6.04	5.73	3.17	2.63	5.22	4.64	3.87	100.00

5.2.2　自然条件分析

本区域地处中高纬度,属季风气候区,冬寒夏暖,四季分明。多年年平均气温为 12.6℃,而多年月平均最高气温为 26.1℃(8 月),月平均最低气温值为 -2.5℃(1 月)。渤海湾多年来记录到的极端最高温度是 43.7℃,极端最低温度 -28.5℃。多年平均年降水量为 646.9mm,最大年降水量为 821.6mm,最小的年降水量 472.2mm。本区年降水量分布不均,主要集中在夏季(7 月、8月),约占全年降水量的 64.3%,冬季(1 月、2 月)降水量最少,仅占全年降水量的 1.1%。

5.2.3　潮汐特征与水位特征值

5.2.3.1　潮位

曹妃甸附近无长期潮位观测资料,曾委托国家海洋局北海分局于 1996 年9—10 月,在曹妃甸水域和柳赞进行了 1 个月短期观测。2000 年 10 月中旬至2001 年 10 月中旬,青岛环海海洋工程勘察研究院在曹妃甸岛设立临时验潮站,又进行了连续一年的潮汐观测。曹妃甸海域各基面关系及水位根据国家海洋信息中心 2004 年 11 月《唐山曹妃甸设计潮位推算报告》确定,各高程基面和海平面的关系见图 5-10。

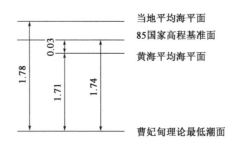

图 5-10　各高程基面与海平面的关系(尺寸单位:m)

曹妃甸海域属非正规半日混合潮性质,相邻两潮潮高不等,特别是小潮潮位过程比较复杂,接近全日潮。附近海域的潮汐,主要受黄河口外半日潮旋转潮波、秦皇岛以北外海半日潮旋转潮波和渤海海峡日潮旋转潮波三个潮波系统的影响,为不规则半日潮。在多数情况下每个潮汐日有两次高潮和两次低潮,日潮不等现象较明显。

曹妃甸海域的潮位特征值如下(基准面为当地理论最低潮面):

(1)最高潮位:3.90m;

(2)最低潮位: -0.39m;

(3)平均高潮位:2.52m;

(4)平均低潮位:0.98m;

(5)平均海平面:1.77m;

(6)平均潮差:1.54m。

根据京唐港站及曹妃甸的水位观测资料,内插得到本工程的水位特征值,见表5-11。

设计水位特征值(曹妃甸理论最低潮面)　　　　表5-11

水　位	位　置		
	曹妃甸	本工程	京唐港
设计高水位	3.05	2.88	2.60
设计低水位	0.30	0.51	0.85
平均高潮位	2.75	2.45	2.24
平均低潮位	0.89	1.05	1.40
50 年一遇高潮位	4.34	4.29	4.20
25 年一遇高潮位		4.12	

5.2.3.2　海流

根据 2005 年、2006 年曹妃甸海域全潮水文观测资料分析,现状条件下曹妃甸海域潮流具有以下特点:

(1)曹妃甸海域潮波呈驻波特点,流速最大出现在中潮位时,高、低潮位时转流。

(2)曹妃甸海域涨潮西流,落潮东流。在曹妃甸甸头和距离浅滩较远海域,潮流基本呈现东西向的往复流运动;在靠近浅滩海区,由于受地形变化影响和漫滩水流作用,主流流向有顺岸或沿等深线方向流动的趋势。

(3)曹妃甸海域涨潮时流速大于落潮流速。大潮涨潮平均流速为 0.40 ~ 0.60m/s,落潮为 0.35 ~0.50m/s;小潮涨潮平均流速为 0.25 ~0.40m/s,落潮为 0.25 ~035m/s。

(4)在流速平面分布上,甸头附近深槽处为水流最强地区;大潮时甸头附近最大涨潮流可达 1.40m/s,落潮流可达 0.95m/s。

表5-12 和表5-13 分别为2006 年冬季大潮和夏季大潮流速统计结果。测点位置及大潮期流矢图见图5-11。

表 5-12

2006 年 3 月 19—20 日大潮涨、落潮垂线平均流速、最大流速（单位：m/s）流向（°）

测站	涨潮			落潮			涨潮			落潮		
	平均流速	最大流速 流速	最大流速 流向	平均流速	最大流速 流速	最大流速 流向	平均流速	最大流速 流速	最大流速 流向	平均流速	最大流速 流速	最大流速 流向
1	0.49	0.87	300	0.50	0.59	114	0.38	0.73	296	0.52	0.65	115
2	0.46	0.72	287	0.34	0.45	109	0.35	0.66	268	0.45	0.56	99
3	0.55	1.07	303	0.49	0.65	116	0.46	0.90	305	0.53	0.71	123
4	0.45	0.83	302	0.44	0.55	123	0.38	0.71	306	0.47	0.61	122
5	0.47	0.86	324	0.46	0.58	131	0.40	0.75	312	0.48	0.68	126
6	0.62	1.09	305	0.60	0.75	116	0.58	0.98	308	0.57	0.86	118
7	0.67	1.12	263	0.52	0.75	89	0.51	0.95	248	0.63	0.85	84
8	0.49	0.78	269	0.38	0.54	88	0.38	0.69	267	0.51	0.65	91
9	0.39	0.44	306	0.28	0.33	62	0.36	0.49	307	0.35	0.39	173
10	0.47	0.76	180	0.47	0.82	183	0.39	0.52	355	0.64	0.85	185
11	0.44	0.67	289	0.60	0.76	131	0.44	0.62	297	0.62	0.83	132
12	0.53	0.81	248	0.39	0.58	62	0.42	0.77	247	0.50	0.70	62
13	0.37	0.63	211	0.33	0.47	50	0.38	0.56	210	0.37	0.55	78
14	0.43	0.69	238	0.30	0.40	60	0.37	0.59	239	0.35	0.46	65
15	0.39	0.66	247	0.34	0.49	60	0.34	0.63	258	0.39	0.58	66
潮差（m）		1.69			1.03			1.26			1.22	

2006年7月13—14日大潮涨、落潮垂线平均流速、最大流速(单位:m/s)流向(°)　表5-13

测站	涨潮			落潮			涨潮			落潮		
	平均流速	最大流速		平均流速	最大流速		平均流速	最大流速		平均流速	最大流速	
		流速	流向		流速	流向		流速	流向		流速	流向
1	0.48	0.92	289	0.54	0.66	122	0.30	0.51	288	0.37	0.59	116
2	0.52	0.94	288	0.33	0.43	99	0.27	0.47	309	0.38	0.59	109
3	0.65	1.21	298	0.48	0.64	114	0.49	0.78	307	0.40	0.63	108
4	0.57	1.05	291	0.50	0.73	113	0.40	0.54	287	0.42	0.75	103
5	0.54	1.03	306	0.59	0.80	126	0.37	0.54	302	0.43	0.72	130
6	0.73	1.23	284	0.69	0.91	88	0.48	0.78	287	0.51	0.80	103
7	0.84	1.41	251	0.65	0.87	86	0.42	0.64	262	0.61	0.92	80
8	0.56	0.94	265	0.35	0.50	83	0.36	0.51	252	0.49	0.72	84
9	0.46	0.65	277	0.39	0.60	52	0.34	0.48	255	0.38	0.56	143
10	0.59	1.00	355	0.12	0.17	188	0.19	0.31	320	0.28	0.49	186
11	0.39	0.66	312	0.37	0.46	130	0.27	0.42	307	0.48	0.81	156
12	0.55	0.97	262	0.30	0.45	94	0.40	0.56	260	0.50	0.81	75
13	0.48	0.79	245	0.29	0.47	65	0.33	0.43	255	0.38	0.61	85
14	0.60	0.97	231	0.27	0.34	26	0.34	0.48	229	0.45	0.77	58
15	0.50	0.85	248	0.26	0.38	63	0.32	0.42	232	0.51	0.82	60
潮差(m)		2.12			0.93			0.72			1.85	

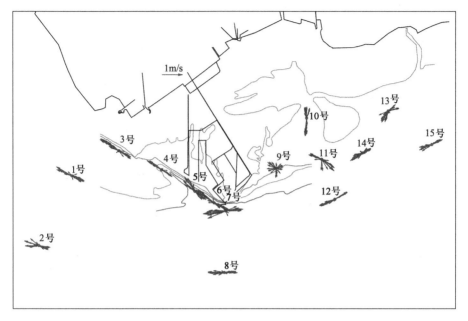

图 5-11 2006 年 3 月曹妃甸海域各水文测点逐时流矢图(大潮)

(5)涨潮时,随着潮位的升高,涨潮水体首先充填了曹妃甸浅滩东、西两侧的众多潮沟。随后浅滩滩面逐渐淹没,致使部分涨潮水体由曹妃甸两侧滩面向曹妃甸接岸大堤附近汇合。落潮时,随着潮位的降低,浅滩逐渐露出,滩面上的水体归槽,曹妃甸接岸大堤两侧的水体逐渐汇入甸头两侧的深槽水域。

5.2.4 海洋灾害

对龙岛存在影响的海洋灾害主要有:海岸侵蚀、风暴潮、赤潮、海冰和海平面上升等。

(1)海岸侵蚀:由于海岛物质组成松散,植被覆盖率低,抗干扰能力差,受入海水沙量减少、风暴潮、海岸工程建设等因素的影响,海岛向海侧岸滩侵蚀现象普遍存在,导致海岸蚀退、海滩束窄、滩面坡度增大,海岛动态变化加剧,资源价值和生态服务功能下降。

(2)风暴潮:河北省沿海是我国风暴潮灾害严重的地区之一,台风风暴潮多见于夏秋季节台风鼎盛时期(7—9 月),温带气旋引起的风暴潮多发生于春、秋季节(2—5 月和 10—11 月)。1985—2011 年,河北省沿海共出现风暴潮 44 次,其中,灾情较严重的 17 次,风暴潮引发的增水导致海岛岸滩侵蚀加剧、海拔高程降低,对海岛稳定性影响极大。

(3)赤潮:多发生在6—9月,赤潮生物优势种多为夜光藻、古老卡盾藻和微微藻。1989—2011年,全省海域共发生赤潮灾害41次,其中,灾情较严重的15次,累计影响范围11159.2km²。近年来,河北沿海赤潮的发生有时间提前、频率增高、影响面积扩大的趋势,对海岛周边海域生态健康以及旅游活动的影响不断增大。

(4)海冰:根据渤海、黄海北部海冰区划图,曹妃甸工程海区属于第13区,即渤海湾浮冰区,处于5级冰情的分布范围内。本区初冰日较早,一般在12月中下旬,严重冰日在一月中旬,融冰日在2月中旬,终冰日在3月初。从初冰日~终冰日为流冰历时,一般年为71d,轻冰年为54d,重冰年为85d。初冰日一般出现在11月下旬至12月初,1月中旬进入盛冰期,固定冰宽一般0.1~0.5km,冰厚15~25cm,盛冰期流冰外缘离岸30~40km。海冰成灾周期约10年,严重冰封给海岛交通、海岛石油开采及海上建筑物等带来很大的危害。

(5)海平面上升:全球变暖、冰川融化及区域构造活动,共同造成了海平面发生相对变化,对全球海岸线的冲淤演变影响较大,特别是本身陆域面积就有限的沙岛,但在短时期内,本研究区内海平面变化对岸线的影响暂时不十分明显。

(6)热带气旋:热带气旋是该海区夏季的主要灾害性天气系统。热带气旋按其中心附近的平均最大风力可分为台风、强热带风暴、热带风暴、热带低压。由于该区纬度较高,热带气旋到了本区已是减弱了的热带风暴或热带低压。这类气旋平均每年进入渤海的为26个,其中夏季最多15个,春秋季各为约5个,冬季约为1个。当气旋进入渤海海域时,常常导致该海区大风、暴雨、增水等灾害,有时风力也能高达9级以上,气旋在渤海一般移动速度较快,持续时间较短,往往突然产生恶劣的海况,对作业产生灾害性影响,尤应引起注意。

据近百年的台风资料统计,台风在渤海平均每3.8年出现一次,也有一年出现两次的记载。台风移至渤海,一般强度都明显减弱,有时也有入渤海后加深加强的情况,如1972年3号台风过境时,风速达到30m/s以上。

5.2.5 泥沙环境分析

5.2.5.1 泥沙来源

曹妃甸海域为风浪较强区域,其滩槽能够维持长期的稳定,也是长期以来本海域海洋动力条件、岸滩边界条件和泥沙条件之间达到一定的平衡所致。本海域目前以陆域来沙为主,海域来沙为辅。曹妃甸以东是典型的沙质海岸离岸沙坝—潟湖体系,它由古滦河废弃三角洲的泥沙在波浪横向作用下改造而成。滦河多沙是该海岸地貌形成发育的基本条件,因此该海区海岸的发育与滦河来沙状况密切相关。自全新世以来,滦河以滦县为顶点,北至昌黎、南至曹妃甸的扇形三角洲,呈南北摆动。该范围海岸的发育与滦河来沙状况密切相关。据资料统计,1929—1970 年滦河年平均入海沙量达 2670 万 t,1971—1980 年年平均入海沙量为 963 万 t,1981—1985 年年平均入海沙量为 124 万 t。由于 20 世纪 70年代滦河上游修建水库,使其入海输沙量呈现明显减小的变化(表5-14)。滦河入海泥沙的粗颗粒,总体表现为在 NE 向 SW 的沿岸运动。当入海沙量充沛时,在滦河口至大清河口近岸水域形成一系列高出海面的沙坝链。当 20 世纪 70 年代后入海沙量减小时,沿岸沙坝不断冲刷,如打网岗坝高程降低,直到露出固结良好的老沉积相,是原滦河泥沙向 SW 运移供沙转化为相对微弱的沙坝冲刷供沙。曹妃甸海域岸线及残余沙岛的出现反映其来沙量剧减、供沙量不足。由于人为活动的影响,如河道取水使供沙量减少,沿海岸线人工岛堤地兴建(京唐港)以及海岸侵蚀供给的沙源越来越少,将进一步减少曹妃甸浅滩海域的沙源供给,从而使其滩面受到侵蚀和老沉积相沙岛的出现,这些均反映出该海域来沙量减少、供沙量不足。

滦河输水输沙特征值(滦河站)　　　　　　　　　　表 5-14

年份(年)	年平均径流量(×10^{8}m^3)	年平均输沙量(万 t)	年最大输沙量(万 t)
1927—1970	46.6	2670	8790
1971—1980	43.4	963	2240
1981—1985	14.0	124	—

目前,日益增强的人类活动也逐渐成为影响本海域泥沙来源的一个重要因素。如河道上游建库筑闸、围海吹填造地、海域人工采砂及海岸工程的兴建等,都使得沙源越来越少,将进一步减少曹妃甸海域的泥沙供给。近期曹妃甸工程施工建设,如大规模取沙填海造地,会在短期内造成局部海域发生相对较大的冲淤变化。

5.2.5.2　悬沙特征

根据 1996 年 10 月、2005 年 3 月和 2006 年 3 月全潮含沙量测验资料统计及含沙量场遥感图片分析,本海域含沙量分布具有以下特征:

(1)在小浪或无浪气象条件下,曹妃甸海域含沙量并不大,近年水文测验资料表明,曹妃甸近海深水区大致为 0.05 ~ 0.10kg/m^3;近岸区大致为 0.07 ~ 0.15kg/m^3。考虑波浪作用后,海域年平均含沙量大致为 0.21kg/m^3 左右。

(2)从平面分布上看,整个海区可分为近岸水域和近海水域,近岸水域的水体含沙量一般大于近海水域。近岸水域又以甸头为界,分为西部水域和东部水域,西部水域平均含沙量大于东部。如大潮平均含沙量,西部和东部海域 1996

年 10 月实测分别为 0.39kg/m³ 和 0.32kg/m³,2005 年 3 月为 0.163kg/m³ 和 0.072kg/m³,2006 年 3 月为 0.137kg/m³ 和 0.054kg/m³。在垂向分布上,各测站悬沙含量随深度的变化规律明显,均表现出由表层向底层递增的分布规律。

(3)从全潮平均含沙量的变化看,水体含沙量与潮差成正相关,大潮含沙量大于小潮含沙量。1996 年 10 月,实测大潮、小潮平均含沙量分别为 0.31kg/m³ 和 0.25kg/m³;2005 年 3 月,为 0.106kg/m³ 和 0.091kg/m³;2006 年 3 月,为 0.087kg/m³ 和 0.070kg/m³。从涨、落潮平均含沙量的变化看,落潮含沙量大小与涨潮基本相当,没有明显变化。

(4)从悬沙输移分析可知,在一般气象条件下,曹妃甸海域大潮净输沙方向与涨潮方向基本一致,即近海区自东向西,近岸区由海向岸,老龙沟口门处由外海向潮沟内;小潮期涨落潮输沙基本相对平衡,净输沙量较小。

(5)曹妃甸海域大风浪条件下的含沙量应大于一般气象条件下的含沙量。此外,波浪条件下破波区附近的悬沙运动对曹妃甸岸滩的冲淤演变起重要作用,这需在更完整资料的基础上进行进一步的分析。

(6)从悬沙粒径分析可知,本海域悬沙主要为颗粒较细的细粉砂,中值粒径在 0.008 ~ 0.02mm 之间,一般均小于当地底质粒径。2006 年 3 月水文测验期间,各测站悬沙中值粒径大潮为 0.007 ~ 0.013mm,小潮为 0.006 ~ 0.014mm,而相应测点的底质中值粒径则一般在 0.010 ~ 0.025mm 之间。

根据实测资料统计各垂线的含沙量特征值见表5-15 和表5-16 所示,对应测点分布如图5-12 所示。

2007 年 8 月老龙沟海域水文测验大潮含沙量统计(单位:kg/m³)　　表 5-15

测点	表层	0.2H	0.4H	0.6H	0.8H	底层	垂线平均
1 号	0.077	0.082	0.085	0.099	0.120	0.158	0.098
2 号	0.084	0.076	0.074	0.074	0.077	0.085	0.077
3 号	0.088	0.086	0.104	0.115	0.113	0.127	0.105
4 号	0.070	0.077	0.083	0.082	0.087	0.091	0.082
5 号	0.150	0.145	0.152	0.165	0.160	0.169	0.155
6 号	0.157	0.149	0.155	0.164	0.176	0.205	0.163
7 号	0.153	0.146	0.152	0.162	0.173	0.191	0.160
8 号	0.162	0.164	0.169	0.167	0.183	0.196	0.172
9 号	0.104	0.093	0.096	0.104	0.105	0.119	0.101

2007 年 7 月老龙沟海域水文测验小潮含沙量统计（单位：kg/m³）　表 5-16

测点	表层	0.2H	0.4H	0.6H	0.8H	底层	垂线平均
1 号	0.066	0.070	0.075	0.090	0.116	0.159	0.089
2 号	0.067	0.064	0.066	0.066	0.072	0.082	0.068
3 号	0.077	0.084	0.086	0.093	0.089	0.096	0.088
4 号	0.077	0.071	0.073	0.076	0.074	0.082	0.076
5 号	0.063	0.067	0.070	0.071	0.069	0.075	0.069
6 号	0.050	0.051	0.052	0.052	0.061	0.065	0.054
7 号	0.060	0.056	0.056	0.056	0.058	0.075	0.058
8 号	0.063	0.059	0.059	0.060	0.067	0.079	0.063
9 号	0.066	0.061	0.065	0.070	0.068	0.073	0.066

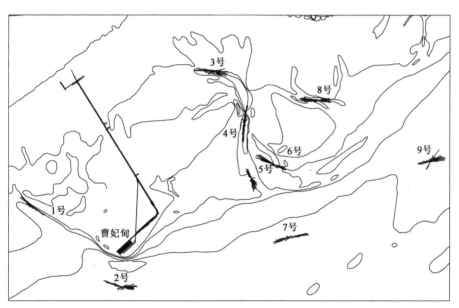

图 5-12　2007 年 8 月曹妃甸老龙沟周边海域水文测验大潮流速矢量图

从含沙量垂线分布看，表层含沙量小于底层含沙量。从平面分布看，大潮条件下拦门沙附近含沙量比老龙沟内大，拦门沙附近 5 号、6 号垂线平均含沙量为 0.155 ~ 0.163kg/m³，老龙沟内 3 号、4 号为 0.082 ~ 0.105 kg/m³；小潮条件下，拦门沙附近 5 号、6 号垂线平均含沙量为 0.054 ~ 0.069kg/m³，老龙沟内 3 号、4 号为 0.076 ~ 0.088kg/m³，比拦门沙附近稍大。从潮形上看，大潮期间含沙量大于小潮。

影响本海域悬沙含量的主要因素有风浪及来沙条件、水深和涨落潮流的强度等。尽管每次水文测量规模较大，测点较多，布置也较合理，但仅代表大、小潮期间的含沙量分布情况，不能反映风浪对含沙量影响，也不能反映甸头东、西两侧不同来沙条件对本工程海域含沙量的影响。

滦河三角洲属波浪三角洲，口外离岸沙坝是波浪对泥沙横向作用的典型地貌产物，可见波浪动力对本海区岸滩形态塑造和含沙量影响的重要作用。京唐港实测资料和分析也充分表明波浪动力对含沙量影响的重要作用，运用实测资料分析，已获得京唐港附近海域 −3m 处的含沙量与波浪动力相关成果（表5-17）。

京唐港海域（−3m）风浪与含沙量关系 表5-17

风　　级	风速 （m/s）	频率 （%）	波能所占比例 （%）	波高范围 （m）	−3m 处平均 含沙量 （kg/m³）
0~2级	0~3.3	42.99	4.44	0.5	0.03
3级	3.3~5.4	29.98	22.02	0.5	0.03
4级	5.5~7.9	16.65	28.34	0.5~1.0	0.14
5级	8.0~10.7	7.25	24.05	1.5~3.0	0.45
5级以上	>10.7	3.14	21.12	>3.0	>1.25

从遥感卫星图片分析得到的曹妃甸海域含沙量场分析：其中1994年5月26日成像时的风况为风速12.0m/s、风向为WNW，之前出现过6个小时的大风；2003年11月3日成像之前出现过6个小时的大风，最大风速11.2m/s、风向为N向。分析可知，曹妃甸海域含沙量不仅受风浪影响而增大，而且还表明甸头西侧海域含沙量要大于同期的唐山港区近岸带水体含沙量。初步分析表明，风浪作用下曹妃甸西侧港池附近平均含沙量约为京唐港口门处（−3m）的2.4~3.0倍。

近年来曹妃甸海域平均含沙量呈总体减少趋势，与来沙量减少有关。另外，由分析可知，甸西含沙量明显大于甸东，其原因还有待专项水文测验探明。

5.2.5.3　底质分布特征

自1996年以来，曹妃甸海域已进行多次大规模底质采样分析研究。其底质样主要为黏质粉土、砂质粉土、粉砂、细砂、粉砂夹黏性土，中值粒径 d_{50} 分布见图5-13，沉积物类型分布见图5-14。底质黏土含量及分选程度分布见图5-15和图5-16。

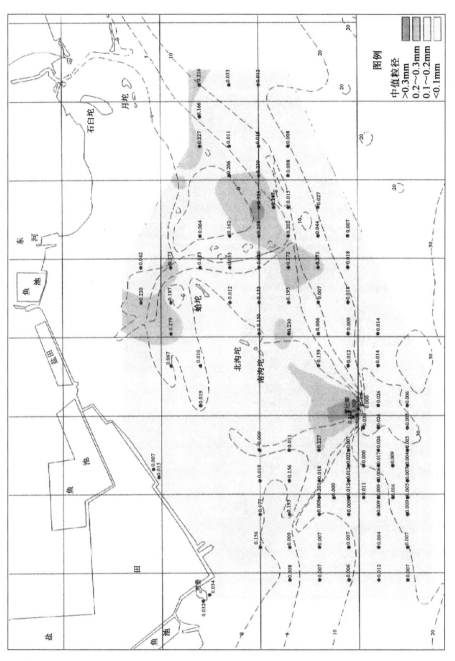

图 5-13 曹妃甸海域底质样品中值粒径分布图 (单位: mm)

125

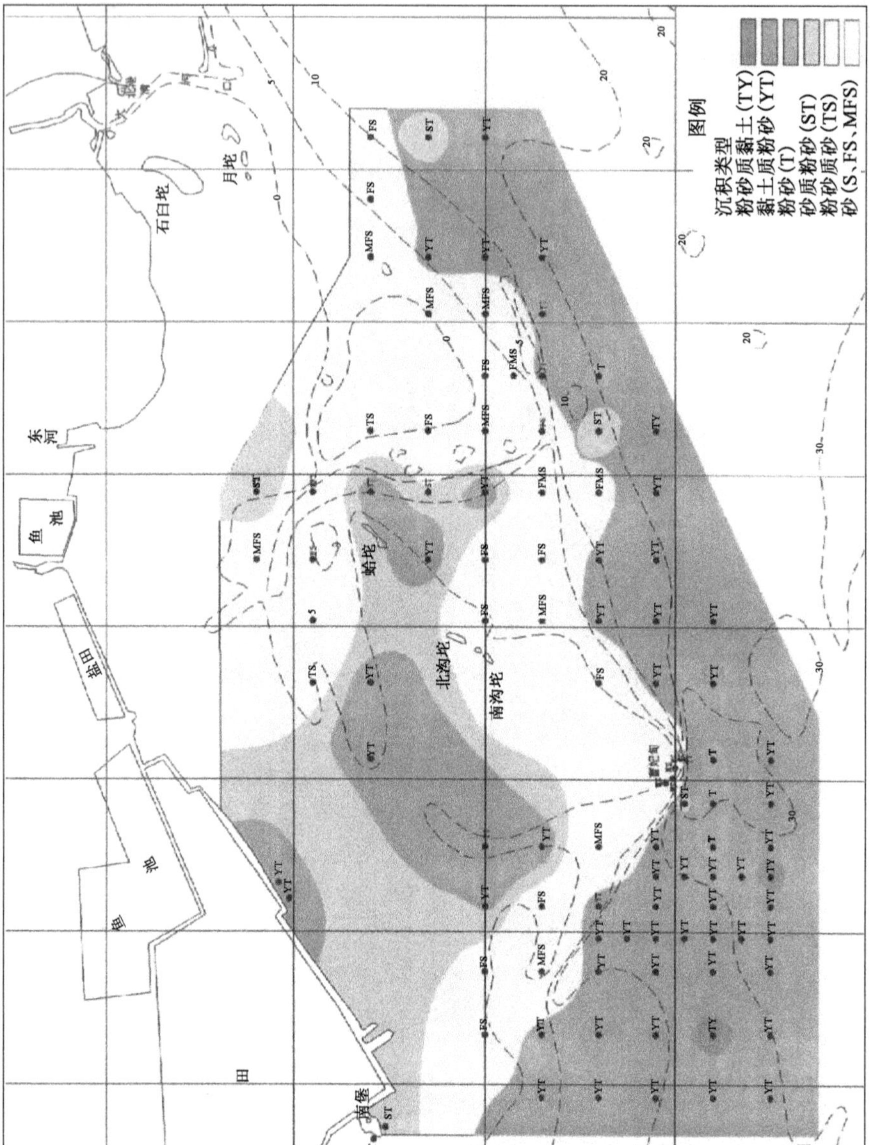

图5-14 曹妃甸海域底质沉积物类型分布图

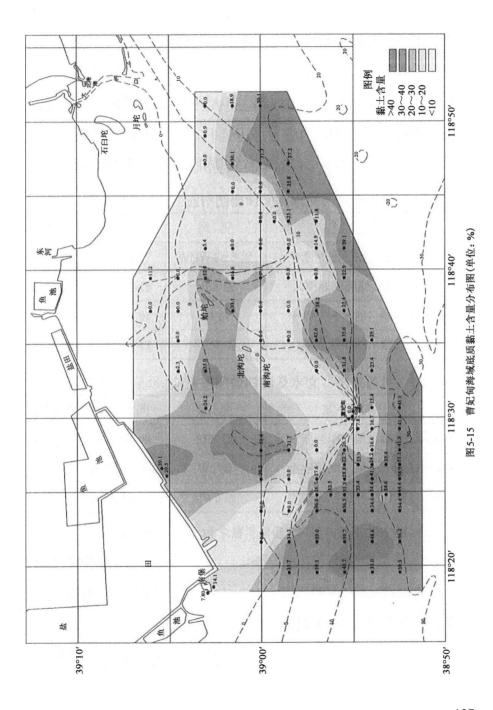

图5-15 曹妃甸海域底质黏土含量分布图(单位：%)

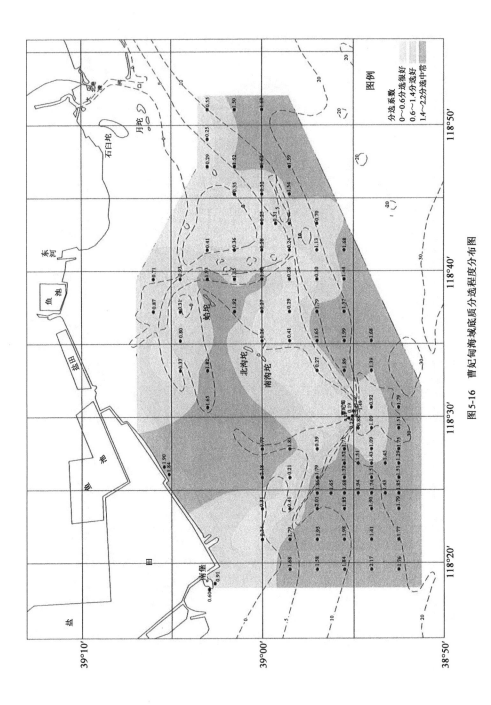

图5-16 曹妃甸海域底质分选程度分布图

分析表明,曹妃甸海域沉积物粒径分布具有由岸向海、自东向西由粗到细的规律变化,同时具有近岸浅水区沉积物质粗、深水区沉积物质细的分布趋势。沉积物中值粒径沿水深分布特征见表5-18。

沉积物中值粒径沿水深分布特征 表5-18

水深区域	0~5m	5~10m	10~20m	20~30m	>30m
$\overline{D}_{50}$	0.140	0.076	0.024	0.012	0.020

这种规律的变化与其波浪、潮流长期作用的结果是相适应得,具体反映了泥沙由东向西运移和沉积的规律以及东部向西部泥沙运移供给不足的状态。其中,龙岛水域及海滩沙中值粒径d_{50}介于0.10~0.22mm之间。

综合几次底质取样的粒度分析结果,该海域底质具有以下特点:

(1)据底质取样粒度分析结果可知,曹妃甸水边线附近主要为0.12~0.25mm的细沙;在0~5m潮滩范围内主要为0.06~0.125mm的极细沙;曹妃甸北侧大片0m高程的浅滩主要为0.016~0.032mm的中粉沙和极细沙,在潮沟主槽内泥沙有局部粗化现象,大致为0.2~0.3mm的细沙。

(2)沉积物的分布由陆向海呈细-粗-细的规律变化,中值粒径也沿水深的分布呈现岸滩粗、深槽细的特点。以甸头分界,沉积物中值粒径分布由西向东呈由小到大的变化趋势。其中西侧海区中值粒径为0.008~0.027mm,东侧海区为0.012~0.250mm,东、西两侧中值粒径相比变化可达几倍。

(3)甸头以西海域沉积物分选程度一般,东部海域由岸到海分选程度呈分选一般—分选好—分选一般分布。甸东东坑坨等离岸沙坝海域分选程度最好,说明其受波浪动力作用较强。

5.2.5.4 海岸地貌与岸滩演变分析

河北省海岛及周边海域地质构造属于华北拗陷区,Ⅱ级构造单元以固安—昌黎断裂为界,北部为燕山褶皱带,南部为华北拗陷区,Ⅲ级构造单元有山海关隆起、黄骅拗陷、渤海中隆起。

华北拗陷区是中生代早期形成的断陷盆地,受燕山运动影响较深,北北东和北东向断裂比较发育。特别是昌黎—滦县—丰润断裂是海岛地貌发育的基础构造。中更新世以丰润为顶点的滦河冲积扇、以横山口为顶点的青龙河冲积扇,以雷庄为顶点的沙河冲积扇并列于昌黎—滦县—丰润断裂南盘,其前缘至少到达现在20m等深线和曹妃甸一带。全新世中期以来冀东沿海的不等量抬升,造成滦河干流以滦县为原点,由西向东摆动,河口渐次东迁,其三角洲成为海岛发育的地貌基础。

　　海岛第四纪沉积以菩提岛和月岛最为丰富,其余海岛相对简单,主要沉积类型包括冲积海积、海积、风积、沼泽堆积和潟湖堆积。

　　(1)冲积海积:属滦河三角洲残留沉积,组成物质一般为灰黄色粉砂、粉细砂、中细砂并有少量黏质颗粒。沉积物中含有孔虫,并有少量海相介形虫,植物孢粉含藜、蒿、禾本科草本植物,藻类有咸水的刺球藻和淡水的环纹藻等。

　　(2)海积:分布在海岛外侧水下延伸部分及地表以下5～15m。组成一般以灰黑色、灰黄色粉细砂、细砂为主并有黏土质粉砂,分选较好。沉积物中含大量有孔虫;重矿物以角闪石、绿帘石、石榴石、磁铁矿等为主;黏土矿物以伊利石为主,伴有绿泥石、蒙脱石。

　　(3)风积:分布在海岛沙丘带。组成以中细砂、粉细砂为主,颗粒磨圆较好。重矿物组合为石榴石、角闪石、赤褐铁矿、绿帘石、轻矿物中石英可达60%以上。

　　(4)沼泽堆积:分布在海岛地势低洼处,多在潟湖沉积基础上发育。组成以灰褐色细砂、粉细砂为主,分选稍差。沉积中有较多的湿生植物根系和孢粉。沉积物通常较湿,大多饱水,表层有机质含量丰富,沉积厚度较薄。

　　(5)潟湖堆积:主要分布在海岛向陆侧潮间带。组成为深灰色、灰褐色粉砂、粉砂质黏土为主,有机质含量高,含泥炭。分选较差,有较多的腹足类和瓣鳃类贝壳碎屑,有孔虫和介形虫含量丰富。黏土矿物中以伊利石为主,伴有蒙脱石、绿泥石和高岭石。

　　根据调查和考证证实,曹妃甸浅滩海域是古滦河三角洲的组成部分。其滩地地形破碎复杂,滩上0m等深线面积达175km²,如同半陷半现的小岛,大潮时淹没,小潮时大片浅滩出露;岸外分布有曹妃腰坨、草木坨、蛤坨、东坑坨和石臼坨等若干砂坝和沙岛,构成了沿岸沙堤,距岸数百米至十余公里不等,呈带状分布,并与其内侧水域构成潟湖沙坝体系,东坑坨、老龙沟海区水下地形如图5-17所示。

　　依据沿岸沙堤内外的水动力条件、地形、地貌特征的不同,可分为四种地貌区:

　　(1)西部沿岸沙堤浅海区

　　位于曹妃甸以西、南堡岸线以外的潮间带及浅海地区,是由宽度达3～4km的高潮坪和窄的低潮坪构成。有数条近南北向的小潮沟发育于高潮坪,穿越低潮坪,直达浅海区在水面以下 −4m,沙脊高2～3m,宽400～1000m,长度可达20km以上。该沙脊与潮坪之间是一大型潮沟,北西西向延伸。长度25km以上,宽度1.5～3.5km,深度可达 −14m。

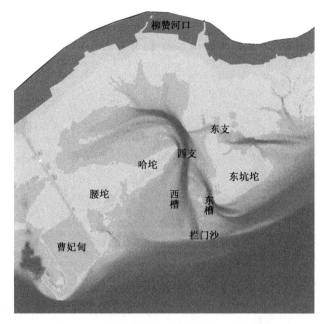

图 5-17 曹妃甸东坑坨、老龙沟海区水下地形图

（2）东部沿岸沙堤内潮坪区

曹妃甸以东，以曹妃甸至石臼坨一线构成的沿岸沙堤为界，向岸一侧的浅滩为沿岸沙堤内潮坪区，也由高潮坪和低潮坪组成。高潮坪宽 1.5 ~ 2.5km。低潮坪宽度更大，位于沿岸沙堤之后，由数个涨潮三角洲形成。最大的一个涨潮三角洲面积约 90km²。低潮坪水深约 2.0 ~ 1.0m。

（3）东部沿岸沙堤外浅海区

曹妃甸以东，沿岸沙堤以外构成沿岸沙堤外浅海区。以 5m 等深线为界，可划分出近岸浅海区和近海浅海区。近岸浅海区为一个三角形地带，深度多在 -4m 左右，海底相对平坦。近海浅海区，坡度变化较大，在水深 5 ~ 11m 等深线间，坡度较陡，形成海底陡坎。

（4）东部大型潮沟区

曹妃甸东北约 15 ~ 20km 处，有两条大型潮沟，渔民分别称为大沟和二沟。大沟由蛤坨北的潟湖发源后，拐为近南北向延伸入海，长达 17km，宽 1 ~ 1.5km，深达 20m。二沟为一条近东西向的潮沟，长约 10km，宽约 900m，最大水深 14m。

龙岛所在区域为曹妃甸工业区东侧浅滩，工程范围内主要为浅滩，高程为

$-2 \sim 5m$,为浅滩潮间带和水下浅滩地貌类型,地形地势较平坦。该岛南岸沙滩长约 6km,其中有 1000 余米长的优质沙滩,沙质细软,后方有零星沙丘植被。由于交通不变,岸滩杂乱,无旅游配套设施,鲜有游客进入,沙滩同样受到海岸侵蚀的威胁,部分岸段沙丘呈现 1m 高的冲蚀陡坎。岛体现状如图 5-18 所示。

图 5-18　龙岛地貌实景照片

5.2.6　平面二维潮流数学模型

本次研究采用平面二维数学模型。

（1）基本方程

平面二维潮流数学模型的基本方程包括连续性方程和动量方程,控制方程形式如下:

连续性方程为：

$$\frac{\partial h}{\partial t} + \frac{\partial h\overline{u}}{\partial x} + \frac{\partial h\overline{v}}{\partial y} = hS \tag{5-1}$$

x 向和 y 向运动方程为：

$$\frac{\partial h\overline{u}}{\partial t} + \frac{\partial h\overline{u}^2}{\partial x} + \frac{\partial h\overline{vu}}{\partial y} = f\overline{v}h - gh\frac{\partial \eta}{\partial x} - \frac{\partial \rho}{\partial x}\frac{gh^2}{2\rho_0} + \frac{\tau_{sx}}{\rho_0} - \frac{\tau_{bx}}{\rho_0} +$$

$$\frac{\partial}{\partial x}(hT_{xx}) + \frac{\partial}{\partial y}(hT_{xy}) + hu_s S \tag{5-2}$$

$$\frac{\partial h\overline{v}}{\partial t} + \frac{\partial h\overline{uv}}{\partial x} + \frac{\partial h\overline{v}^2}{\partial y} = -f\overline{v}h - gh\frac{\partial \eta}{\partial y} - \frac{\partial \rho}{\partial y}\frac{gh^2}{2\rho_0} + \frac{\tau_{sy}}{\rho_0} -$$

$$\frac{\tau_{by}}{\rho_0} + \frac{\partial}{\partial x}(hT_{xy}) + \frac{\partial}{\partial y}(hT_{yy}) + hu_s S \tag{5-3}$$

对流—扩散方程：

$$\frac{\partial}{\partial t}(hc) + \frac{\partial}{\partial x}(uhc) + \frac{\partial}{\partial y}(vhc) = \frac{\partial}{\partial x}\left(h \cdot D_x \cdot \frac{\partial c}{\partial x}\right) + \frac{\partial}{\partial y}\left(h \cdot D_y \frac{\partial c}{\partial y}\right) - F \cdot h \cdot c + S$$

$$\tag{5-4}$$

式中： t——时间；

x、y——笛卡尔坐标的两坐标轴；

$h = \eta + d$——总水深；

η——水面高程；

d——水深；

u、v——对应于 x、y 的速度分量；

f——科氏力, $f = 2\Omega\sin\phi$ (ϕ 为纬度)；

g——重力加速度；

ρ——密度；

ρ_0——相对密度；

v_t——涡粘系数；

P_a——大气压强；

c——物质浓度；

D_x、D_y——x、y 方向的扩散系数；

F——线性衰减系数；

S——源汇项的流量(u_s、v_s 为源汇项对应的速度分量)。

在二维的水动力模块中流速是一个平均的概念：

$$h\overline{u} = \int_{-d}^{\eta} u\mathrm{d}z, hv = \int_{-d}^{\eta} v\mathrm{d}z \tag{5-5}$$

表面风应力的计算公式可以表示为：

$$\vec{\tau}_s = \rho_a c_d |u_w|\overline{u}_w \tag{5-6}$$

式中：　　ρ_a——大气密度；

　　　　　c_d——风的拖曳力系数；

$\overline{u}_w = (u_w, v_w)$——海面以上 10m 处的风速。

与表面应力有关的摩阻流速为：

$$U_{\tau s} = \sqrt{\frac{\rho_a c_f |u_w|^2}{\rho_0}} \tag{5-7}$$

潮流模型底部应力的计算一般采用二次形式,将底部应力看作是速度的函数。底部切应力根据牛顿摩擦定律其可定义为 $\vec{\tau}_b = \tau_{bx}, \tau_{by}$：

$$\frac{\tau_b}{\rho_0} = c_f \vec{u}_b |\vec{u}_b| \tag{5-8}$$

式中：　　c_f——拖曳力系数；

$\vec{u}_b = (u_b, v_b)$——底层流速,与底部切应力有关的摩阻流速为：

$$U_{\tau b} = \sqrt{c_f |u_b|^2} \tag{5-9}$$

在二维模型中 $\vec{u}_b$ 为垂向平均流速,底部的拖曳力系数可以通过谢才系数或曼宁系数推导出来：

$$c_f = \frac{g}{C^2} \tag{5-10}$$

$$c_f = \frac{g}{(Mh^{1/6})^2} \tag{5-11}$$

式中:C——谢才系数；

　　M——曼宁系数。

其中,曼宁系数可以通过底部粗糙度估算出来：

$$M = \frac{25.4}{k_s^{1/6}} \tag{5-12}$$

式中:k_s——糙率层厚度。

潮流数学模型的边界条件有三种:闭边界条件、开边界条件和移动边界条件。对闭边界(一般为岸线边界)而言通量为零,动量方程为沿岸方向;对开边界而言,可以赋予水位边界,也可以赋予流量边界;移动边界条件也称为干湿边界条件。随着潮位的变化,陆地边界上的网格会时而处于水下,时而露出水面,造成参与计算的网格时而增加时而减少,这就需要采用移动边界技术进行处理。

移动边界处理技术可以概括如下,当计算出现以下两种情况时,网格节点视为干出:第一,当实际水深小于临界水深(本工程取 0.05m)时,认为此节点干出;第二,当与此节点相连的节点都干出时,即此节点被陆地所包围时,认为此节点干出。当计算出现以下两种情况时,网格节点视为淹没:第一,如果对于一个单元有两个节点淹没,另外一个节点干出,那么单元内存在水位差,此水位差必然导致单元内存在一个流速。当水流以大于临界流速的流速流向干出节点时,认为节点将会被淹没。第二,当单元有一个节点位于内部障碍边界或者是不为零的法向流边界时,节点淹没。

模型在非结构化网格中使用有限体积法(FVM)进行离散求解。二维的浅水方程在笛卡尔坐标系下可以写为:

$$\frac{\partial U}{\partial t} + \nabla \cdot F(U) = S(U) \tag{5-13}$$

式中:U、F、S——矢量,$F = F^I - F^V$ 其形式如下:

$$U = \begin{bmatrix} h \\ h\bar{u} \\ h\bar{v} \end{bmatrix}, F_x^I = \begin{bmatrix} h\bar{u} \\ h\bar{u}^2 + \frac{1}{2}g(h^2 - d^2) \\ h\overline{uv} \end{bmatrix}, F_y^I = \begin{bmatrix} h\bar{v} \\ h\overline{vu} \\ h\bar{v}^2 + \frac{1}{2}g(h^2 - d^2) \end{bmatrix} \tag{5-14}$$

$$F_y^V = \begin{bmatrix} 0 \\ hA\left(\frac{\partial \bar{u}}{\partial y} + \frac{\partial \bar{v}}{\partial x}\right) \\ hA\left(2\frac{\partial \bar{v}}{\partial x}\right) \end{bmatrix}, F_x^V = \begin{bmatrix} 0 \\ hA\left(2\frac{\partial \bar{u}}{\partial x}\right) \\ hA\left(\frac{\partial \bar{u}}{\partial y} + \frac{\partial \bar{v}}{\partial x}\right) \end{bmatrix} \tag{5-15}$$

$$S = \begin{bmatrix} 0 \\ g\eta\frac{\partial d}{\partial x} + \bar{f}vh - \frac{gh^2}{2\rho_0}\frac{\partial \rho}{\partial x} + \frac{\tau_{sx}}{\rho_0} - \frac{\tau_{bx}}{\rho_0} + hu_s \\ g\eta\frac{\partial d}{\partial y} + \bar{f}uh - \frac{gh^2}{2\rho_0}\frac{\partial \rho}{\partial y} + \frac{\tau_{sy}}{\rho_0} - \frac{\tau_{by}}{\rho_0} + hv_s \end{bmatrix} \tag{5-16}$$

上标 I 和 V 分别代表黏性和非黏性的通量,在时间上使用显示的欧拉格式进行积分。在第 i 个单元内将式(5-13)用高斯理论进行积分,可以将该式写为:

$$\int_{A_i}\frac{\partial U}{\partial t}\mathrm{d}\Omega - \int_{A_i}S(U)\mathrm{d}\Omega = -\int_{\Gamma_i}(F\cdot n)\mathrm{d}S \qquad (5\text{-}17)$$

式中:A_i——第 i 个面积单元;

　　Ω——变量在 A_i 上的积分;

　　Γ_i——第 i 个单元的周长;

　　$\mathrm{d}S$——沿单元边界上的积分;

　　n——向外的单位向量。

(2)模型范围

根据研究内容,模型选取了包括曹妃甸港区,东至京唐港,西至南堡以西的范围作为本次研究的计算范围。计算范围采用三角形网格划分,网格单元由外向内逐渐加密,工程附近最小网格单元尺度在 50m 左右,具体网格划分情况如图 5-19 ~ 图 5-21 所示。图 5-22 ~ 图 5-24 给出了工程海域不同时期地形图。

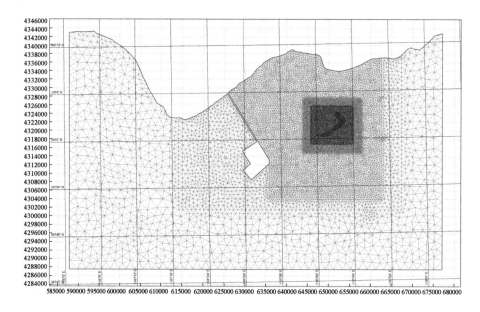

图 5-19　计算网格划分(2006 年边界)

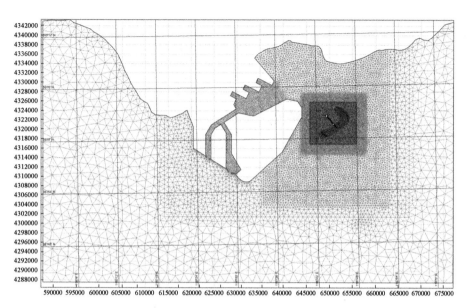

图 5-20　计算网格划分（2013 年边界）

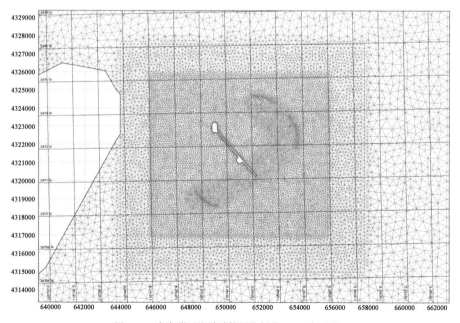

图 5-21　龙岛附近海域计算网格划分（2013 年边界）

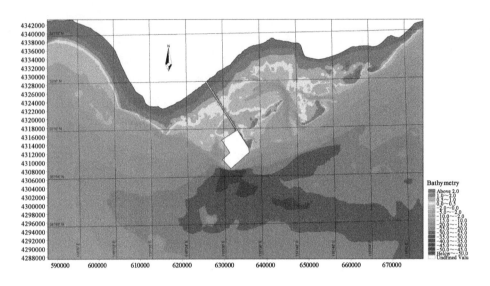

图 5-22　2006 年地形

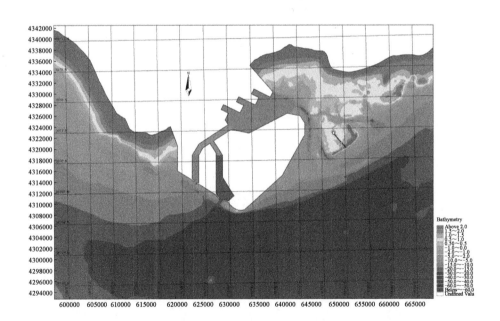

图 5-23　2013 年地形

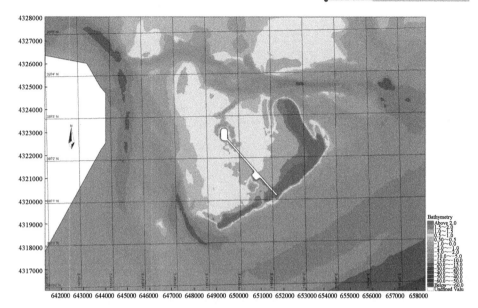

图 5-24　龙岛附近海域地形(2013 测图)

5.2.7　模型验证

本次模型对 2006 年 3 月的实测资料进行了验证,测站位置见图 5-25。图 5-26 和图 5-27 分别给出了大潮期各站位的验证过程,从验证结果可以看出,各测站潮位、流速、流向的模拟均与实测资料符合较好,模型参数及边界条件选取合理,可以在此基础上进行下一步的研究工作。图 5-28 和图 5-29 为验证期间对应的海域涨落潮流场图。

5.2.8　计算结果分析

5.2.8.1　现状流场分析

由于工程海域周边环境在近年来受人工干预影响变化较大,尤其是曹妃甸港区的建设,该海域的流场受地形影响较大,因此模型对工程现状的流场也进行了模拟。图 5-30 ~ 图 5-33 给出了大潮期不同时刻的流场图。图 5-34 ~ 图 5-37 给出了大潮期和小潮期工程附近海域平均流速和最大流速的分布情况。从图中可以看出,该水域在涨潮期随着潮位升高,涨潮水体首先充填浅滩周边的众多潮沟,随后浅滩自东向西逐渐淹没过水,由于受到龙岛所在的东坑坨及其周边大片浅滩的滩面阻力影响,滩面过流流速较小。落潮时水体回落,整体呈现自西向东运动,随着潮位降低,浅滩高处露出,滩面上的水体逐渐归槽,东坑坨浅滩周边槽沟内水体也逐渐汇入邻近的深槽水域,并与曹妃甸甸头及外海深槽落潮流汇合向东流去。受浅滩、沟槽及甸头的综合效应,涨落潮流受该水域地形影响很大,水流也呈现明显的往复性质。

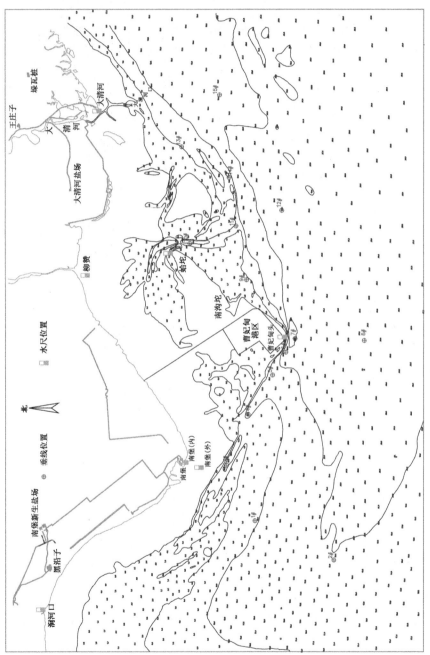

图5-25 2006年3月水文测站位置

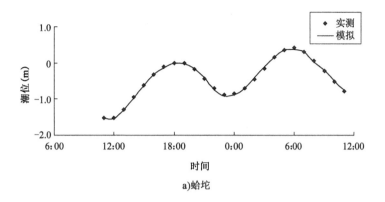

a)蛤坨

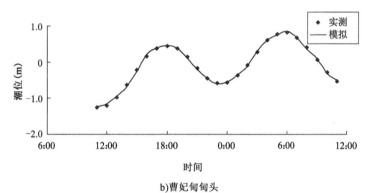

b)曹妃甸甸头

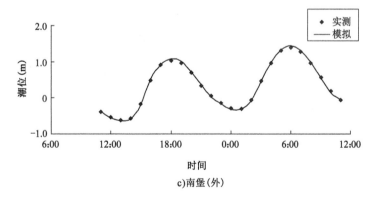

c)南堡(外)

图 5-26 大潮潮位验证

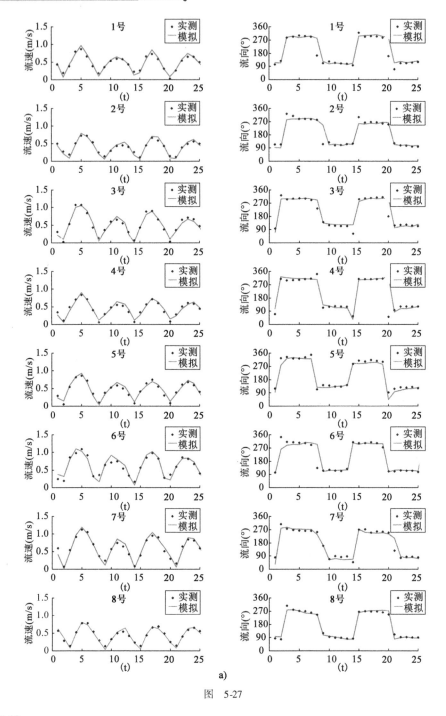

a)

图 5-27

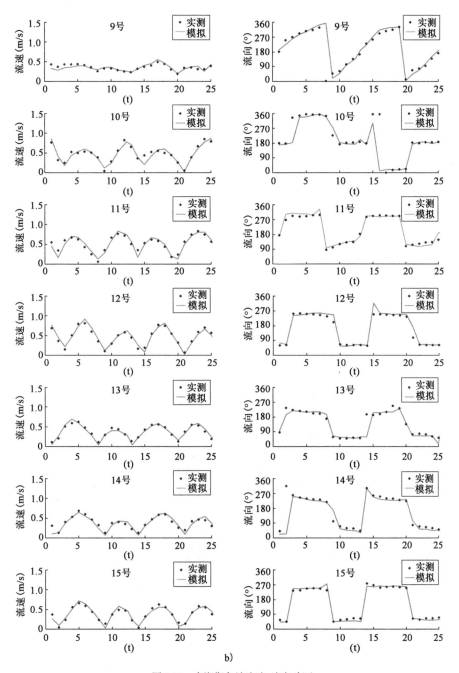

图 5-27　大潮期各站流速、流向验证

a) 计算海域验证期流场(涨急)

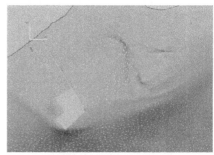
b) 计算海域验证期流场(高平潮)

图 5-28　计算海域验证期流场

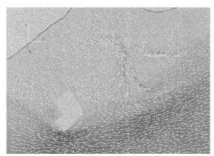
a) 计算海域验证期流场(落急)

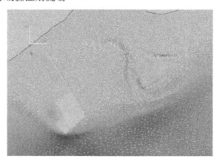
b) 计算海域验证期流场(低平潮)

图 5-29　计算海域验证期流场

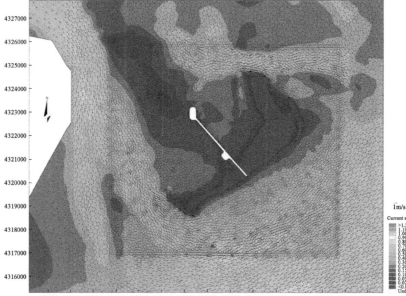

图 5-30　工程附近海域流场(涨急)

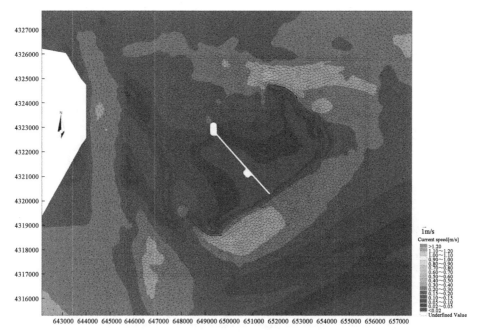

图5-31　工程附近海域流场(高平潮)

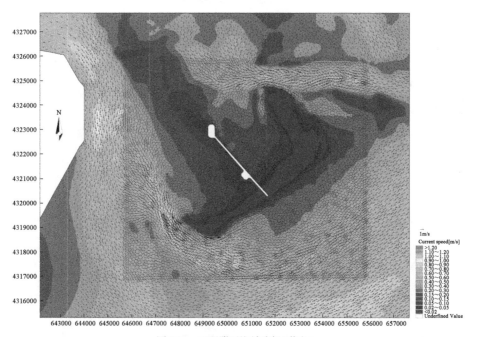

图5-32　工程附近海域流场(落急)

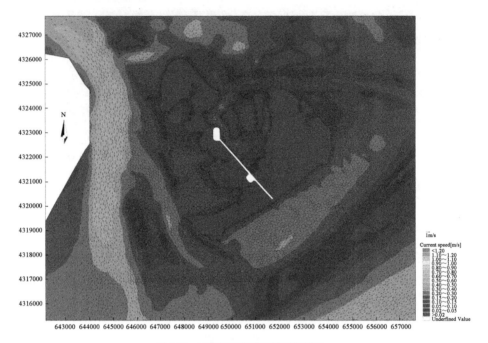

图 5-33　工程附近海域流场(低平潮)

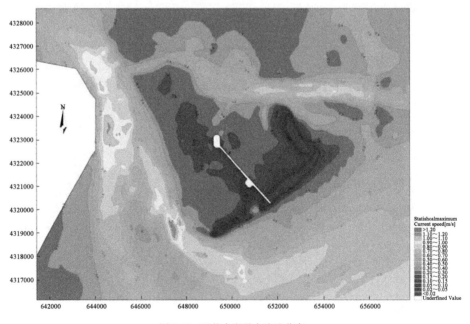

图 5-34　现状大潮最大流速分布

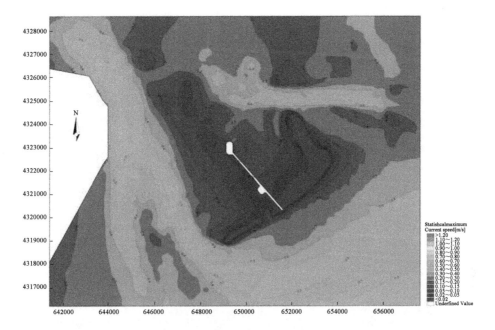

图 5-35　现状大潮平均流速分布

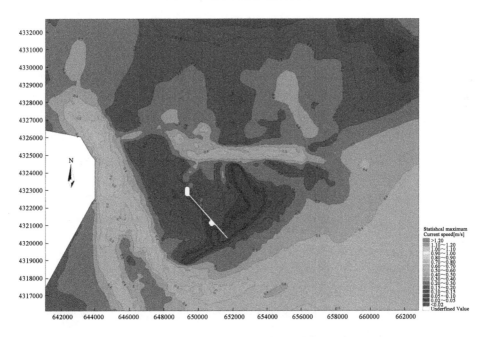

图 5-36　现状小潮期最大流速分布

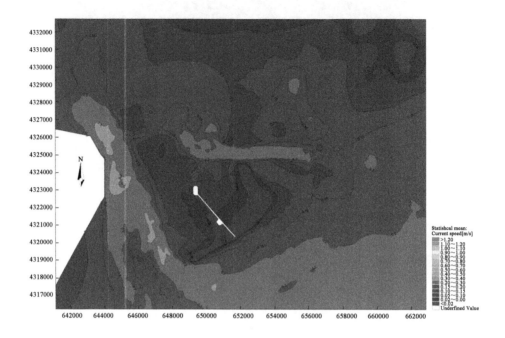

图 5-37　图 6.20 现状小潮平均流速分布

　　根据地形测图,龙岛高出水面以上区域呈西南—东北走向的倒"L"形,滩面一般高程在理论基准面以上 2m 左右,中央高,向两侧海域逐渐降低。在岛中部由于波浪、潮流等作用存在一潮沟汊道,平均高程在理论基准面以上 1.5m 左右,在涨落潮过程中会有明显的水流通过该冲槽,尤其是在快到高平潮时,图 5-38 和图 5-39 给出了涨潮期快到高平潮时和初落时龙岛附近海域的流场,从图中很明显可以看出这一现象,此时槽内流速增加、流向集中,也是导致邻近滩面泥沙随水流扩散外泄的动力因素和途径。

5.2.8.2　修复方案计算结果及分析

　　根据龙岛修复规划,将在龙岛迎浪侧铺设 PEM,在岛西南角和东北角建设防护工程,并将龙岛中间的冲槽吹填加高,以阻止泥沙的流失。修复工程分三期实施,修复方案及分期如图 5-40 所示。从整体上看,龙岛修复工程的轮廓线贴近本岛陆域,且 PEM 的施工主要嵌入滩面内,因此初步判断不会对周边海域的流场产生较大影响。

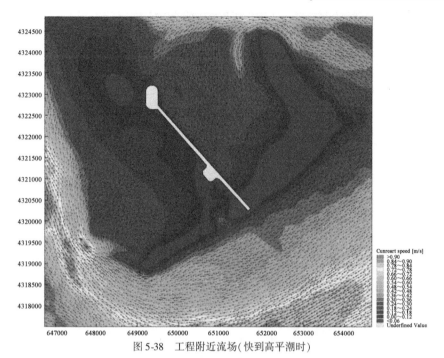

图 5-38 工程附近流场(快到高平潮时)

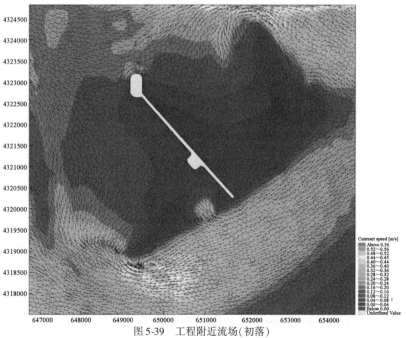

图 5-39 工程附近流场(初落)

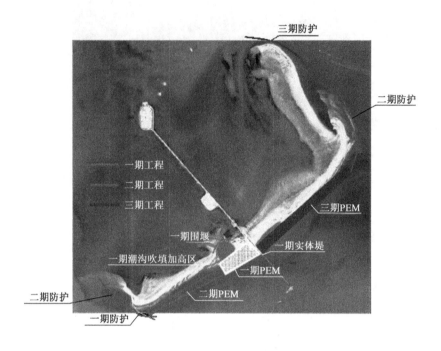

图 5-40　龙岛修复方案示意图

（1）一期修复方案计算结果

一期修复工程包括岛中部冲槽的吹填加高和岛西南端建设一段防波堤。图 5-41 和图 5-42 给出了涨潮期快到高平潮和初落时工程局部流场图，从图中可以看出，经防护及封堵后，高潮时潮流已经不能漫过滩面，阻断了横穿龙岛的水流通道，挟沙动力和途径的消失阻止了邻近滩面泥沙的流失。图 5-43 ~ 图 5-50 分别为不同潮段时海域流场图。

（2）二期修复方案计算结果

二期修复工程即在一期基础上延长一期工程西南端防波堤，并增设岛东侧"L"形折点沙嘴外的防波堤和铺设公共接待区西南侧滩面 PEM 防护。图 5-48 ~ 图 5-52 分别为涨、落潮时流场图，从图中可以看出，由于防护段延长，龙岛西南端和东端的岬头效应增强，呈现一定挑流效果，虽然岬头端部流速略有增强，但带来的好处表现在：一方面使得邻近周边潮沟的沙滩得到防护，特别是岛西端；另一方面使得沙岛掩护段背面的水域处于挑流后的回流区内，动力减弱，有利于泥沙沉积，创造了保护龙岛滩沙流失的动力环境。

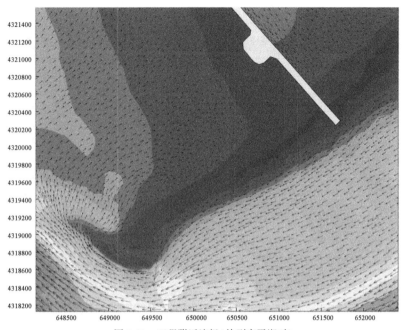

图 5-41 工程附近流场(快到高平潮时)

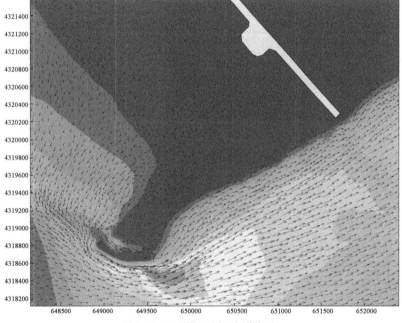

图 5-42 工程附近流场(初落潮时)

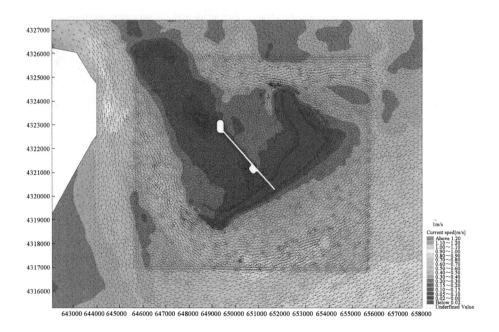

图 5-43　一期工程实施后大潮涨急流场

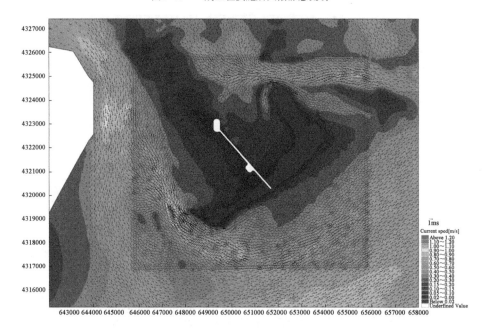

图 5-44　一期工程实施后大潮落急流场

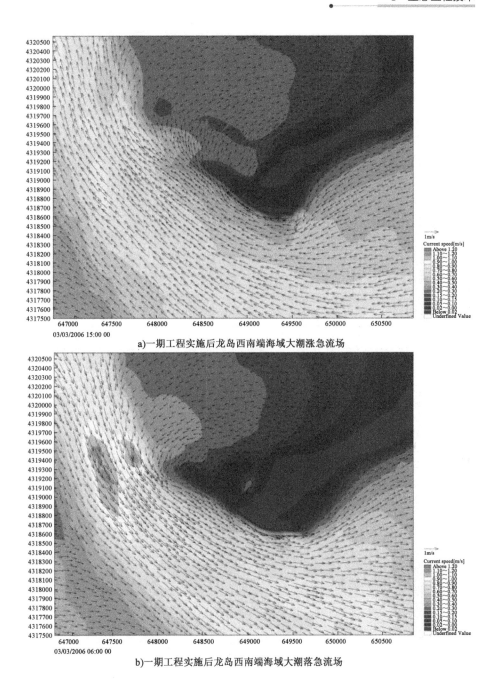

a)一期工程实施后龙岛西南端海域大潮涨急流场

b)一期工程实施后龙岛西南端海域大潮落急流场

图5-45 一期工程实施后龙岛西南端海域大潮流场

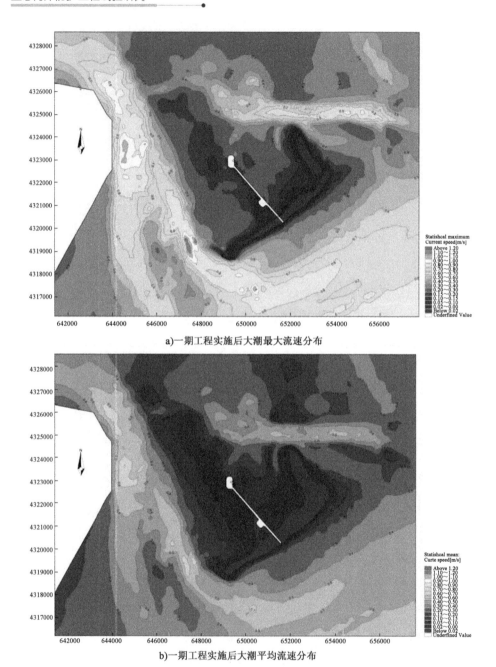

a)一期工程实施后大潮最大流速分布

b)一期工程实施后大潮平均流速分布

图 5-46　一期工程实施后大潮流速分布

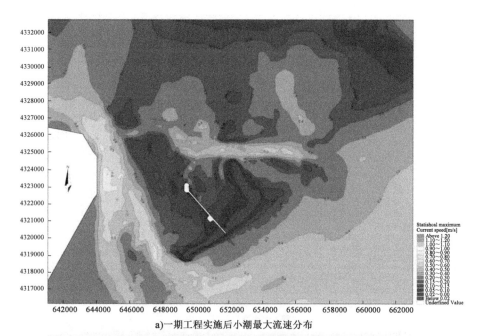

a)一期工程实施后小潮最大流速分布

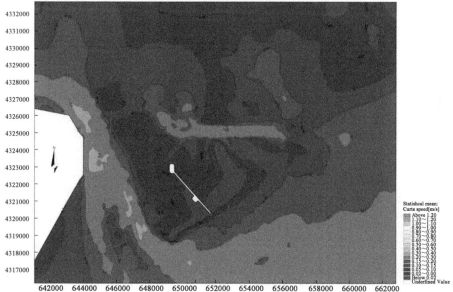

b)一期工程实施后小潮平均流速分布

图5-47 一期工程实施后小潮流速分布

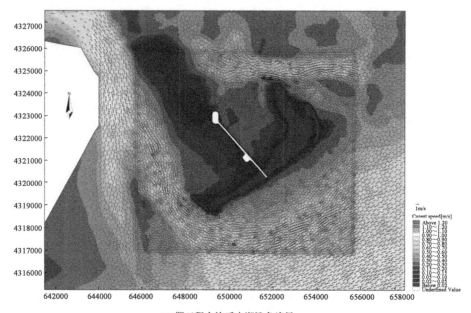

a)二期工程实施后大潮涨急流场

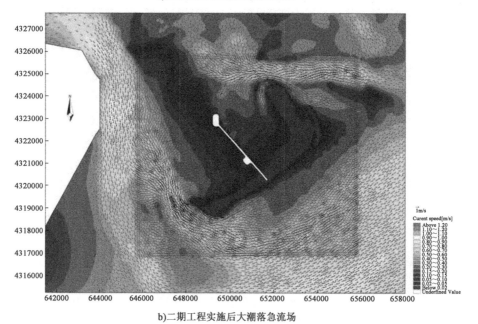

b)二期工程实施后大潮落急流场

图5-48　二期工程实施后大潮流场

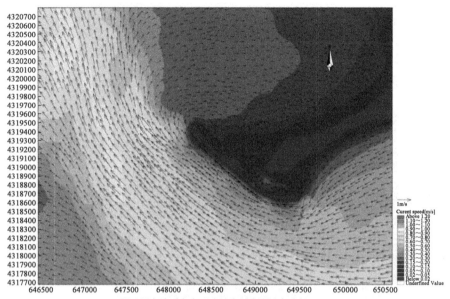

a)二期工程实施后龙岛西南端海域大潮涨急流场

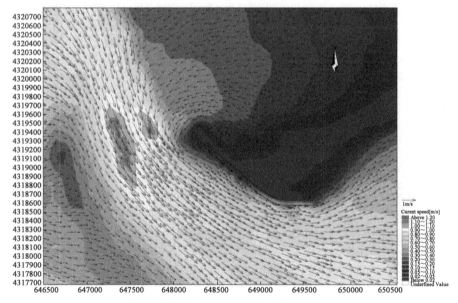

b)二期工程实施后龙岛西南端海域大潮落急流场

图5-49 二期工程实施后龙岛西南端海域大潮流场

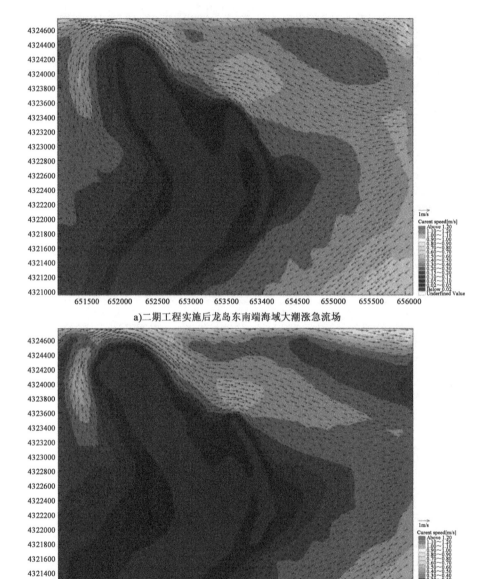

a)二期工程实施后龙岛东南端海域大潮涨急流场

b)二期工程实施后龙岛东南端海域大潮落急流场

图5-50　二期工程实施后龙岛东南端海域大潮流场

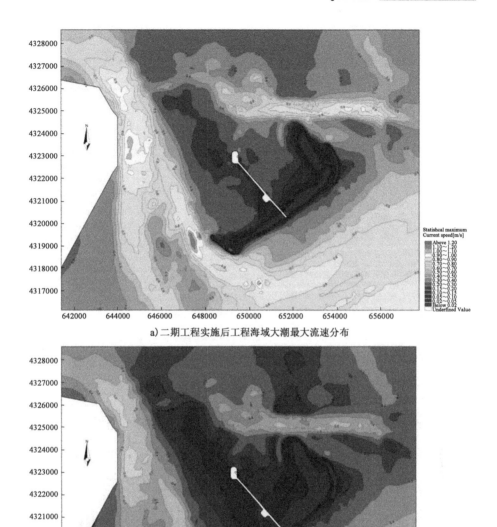

a) 二期工程实施后工程海域大潮最大流速分布

b) 二期工程实施后工程海域大潮平均流速分布

图 5-51 二期工程实施后工程海域大潮流速分布

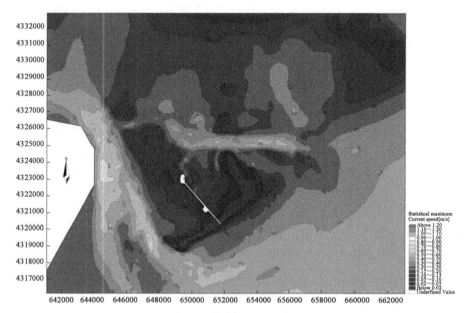

a)二期工程实施后工程海域小潮最大流速分布

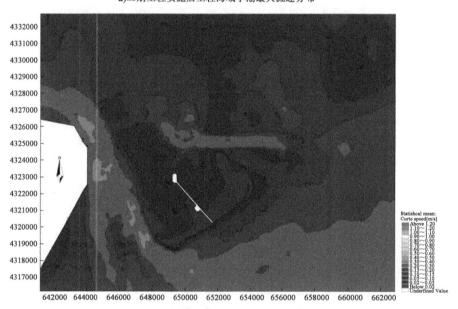

b)二期工程实施后工程海域小潮平均流速分布

图 5-52　二期工程实施后工程海域小潮流速分布

（3）三期修复方案计算结果

三期修复工程即在一期、二期的基础上铺设公共接待区东北侧滩面 PEM 防护，并在沙岛北侧增设防波堤（挡沙堤）。图 5-53 ~ 图 5-56 分别为涨、落潮时流场图，从图中可以看出，对于沙岛东南岸来说，由于三期的防护措施主要体现在水下的固滩措施，对岛体形状并无改变，因此对流场的改变不大，其结果与二期基本一致。主要变化发生在岛北侧，防波堤（挡沙堤）的建设，对岛东北端近岸水动力条件发生了一定程度的改变，局部流速增强的同时，也时与东岸之间的局部水流形成弱流区。

（4）各期修复工程计算结果对比

为了对比各修复工程对水域流速的影响程度，将计算点布置于工程区附近，分布如图 5-57 所示，计算结果汇总见表 5-19。

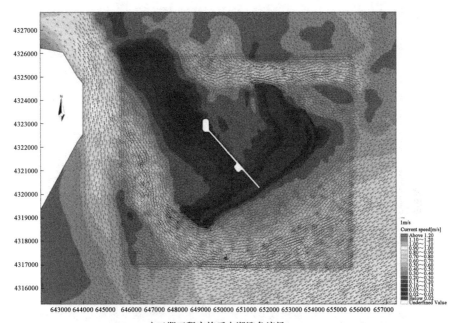

a）三期工程实施后大潮涨急流场

图　5-53

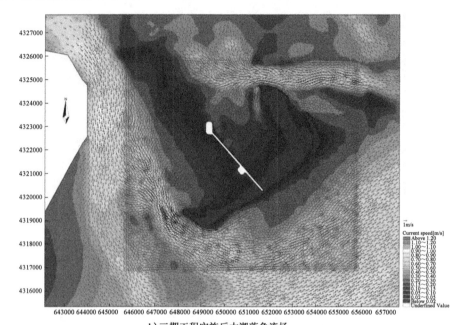

b)三期工程实施后大潮落急流场

图 5-53　三期工程实施后大潮流场

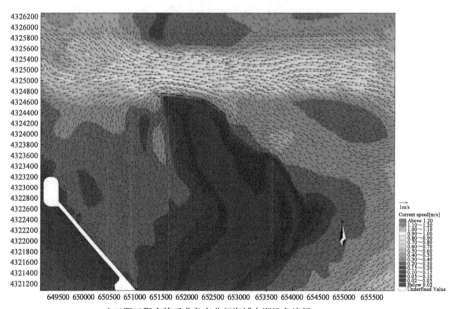

a)三期工程实施后龙岛东北部海域大潮涨急流场

图　5-54

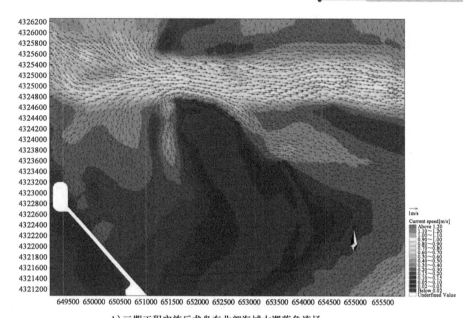

b）三期工程实施后龙岛东北部海域大潮落急流场

图 5-54　三期工程实施后龙岛东北部海域大潮流场

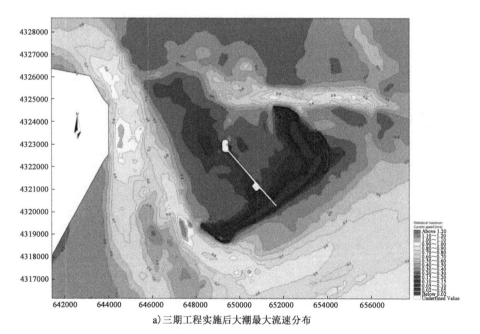

a）三期工程实施后大潮最大流速分布

图　5-55

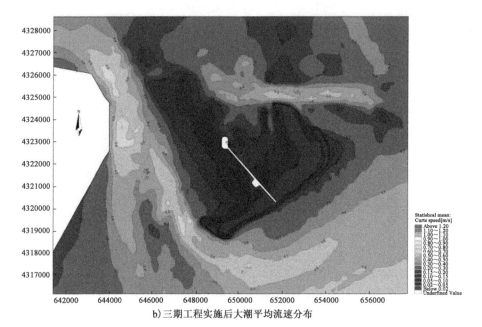

b) 三期工程实施后大潮平均流速分布

图 5-55　三期工程实施后大潮流速分布

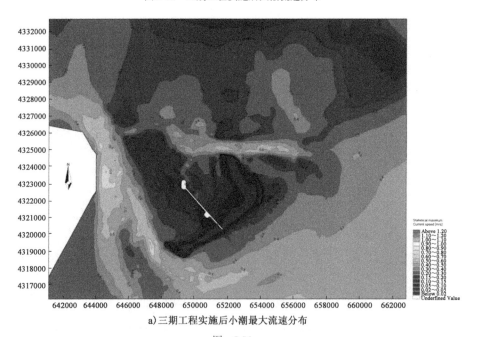

a) 三期工程实施后小潮最大流速分布

图　5-56

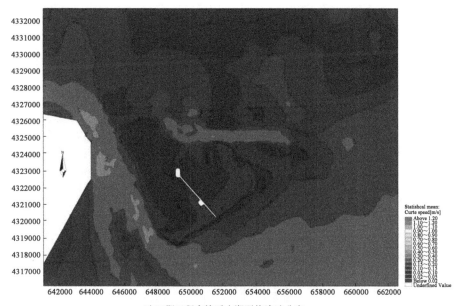

b) 三期工程实施后小潮平均流速分布

图 5-56 三期工程实施后小潮流速分布

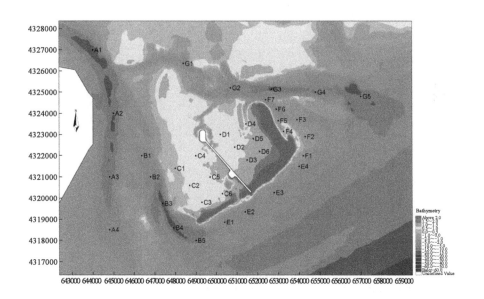

图 5-57 计算点位置

各计算点流速统计结果

表5-19

计算点	工程前 大潮 Mean	工程前 小潮 Mean	一期工程 大潮 Mean	一期工程 大潮 变化	一期工程 小潮 Mean	一期工程 小潮 变化	二期工程 大潮 Mean	二期工程 大潮 变化	二期工程 小潮 Mean	二期工程 小潮 变化	三期工程 大潮 Mean	三期工程 大潮 变化	三期工程 小潮 Mean	三期工程 小潮 变化
A1	0.515	0.252	0.487	-5.5%	0.248	-1.5%	0.487	-5.5%	0.248	-1.4%	0.487	-5.4%	0.248	-1.3%
A2	0.584	0.284	0.566	-3.1%	0.285	0.4%	0.566	-3.1%	0.285	0.5%	0.567	-2.9%	0.286	0.7%
A3	0.487	0.228	0.467	-4.1%	0.232	1.6%	0.469	-3.8%	0.232	1.8%	0.470	-3.6%	0.233	2.1%
A4	0.429	0.201	0.403	-6.0%	0.201	0.2%	0.404	-5.7%	0.201	0.4%	0.405	-5.5%	0.202	0.6%
B1	0.570	0.287	0.529	-7.3%	0.280	-2.6%	0.529	-7.2%	0.280	-2.6%	0.530	-7.1%	0.281	-2.4%
B2	0.609	0.304	0.571	-6.2%	0.301	-0.9%	0.572	-6.1%	0.301	-0.8%	0.573	-5.9%	0.302	-0.6%
B3	0.517	0.255	0.506	-2.1%	0.267	4.7%	0.509	-1.5%	0.268	5.2%	0.510	-1.3%	0.268	5.4%
B4	0.520	0.254	0.483	-7.0%	0.250	-1.7%	0.489	-5.8%	0.252	-0.6%	0.490	-5.7%	0.253	-0.4%
B5	0.488	0.241	0.477	-2.1%	0.243	0.9%	0.476	-2.5%	0.243	0.8%	0.476	-2.4%	0.243	0.9%
C1	0.164	0.087	0.160	-2.4%	0.087	0.0%	0.163	-0.9%	0.088	0.8%	0.164	-0.3%	0.088	1.3%
C2	0.165	0.089	0.163	-1.0%	0.091	2.1%	0.164	-0.4%	0.091	2.0%	0.165	0.0%	0.091	2.4%
C3	0.130	0.066	0.129	-1.2%	0.065	-1.3%	0.113	-13.5%	0.057	-13.3%	0.113	-13.1%	0.057	-13.0%
C4	0.097	0.046	0.096	-0.4%	0.047	2.0%	0.096	-1.0%	0.047	2.1%	0.096	-0.2%	0.047	3.0%
C5	0.078	0.039	0.076	-2.8%	0.038	-1.8%	0.074	-5.3%	0.037	-4.0%	0.075	-4.1%	0.038	-3.6%
C6	0.063	0.031	0.063	-0.4%	0.031	2.4%	0.060	-4.9%	0.030	-2.2%	0.060	-4.6%	0.030	-1.8%
D1	0.107	0.054	0.100	-6.4%	0.052	-3.5%	0.100	-6.3%	0.052	-3.4%	0.102	-4.6%	0.052	-3.4%
D2	0.125	0.063	0.119	-4.7%	0.061	-3.1%	0.119	-4.7%	0.061	-2.9%	0.120	-3.8%	0.061	-2.1%
D3	0.064	0.032	0.061	-4.5%	0.032	-0.8%	0.061	-4.5%	0.032	-0.7%	0.062	-3.3%	0.032	-0.3%
D4	0.226	0.121	0.225	-0.4%	0.125	3.2%	0.225	-0.3%	0.125	3.3%	0.211	-6.6%	0.118	-2.9%

续上表

计算点	工程前		一期工程				二期工程				三期工程			
	大潮	小潮	大潮		小潮		大潮		小潮		大潮		小潮	
	Mean	Mean	Mean	变化	Mean	变化	Mean	变化	Mean	变化	Mean	变化	Mean	变化
D5	0.089	0.045	0.087	-1.7%	0.045	-0.9%	0.087	-1.6%	0.045	-0.8%	0.086	-3.5%	0.044	-2.2%
D6	0.047	0.023	0.045	-3.2%	0.023	-0.7%	0.045	-3.1%	0.023	-0.6%	0.046	-2.6%	0.023	-0.9%
E1	0.354	0.197	0.344	-2.9%	0.192	-2.4%	0.344	-2.9%	0.192	-2.4%	0.344	-2.9%	0.192	-2.3%
E2	0.284	0.160	0.281	-1.1%	0.158	-0.8%	0.281	-1.1%	0.158	-0.8%	0.281	-1.1%	0.158	-0.8%
E3	0.214	0.121	0.221	3.2%	0.124	2.6%	0.221	2.8%	0.124	2.3%	0.221	2.9%	0.124	2.4%
E4	0.159	0.092	0.162	2.2%	0.094	2.3%	0.185	16.9%	0.106	15.6%	0.186	17.3%	0.106	15.9%
F1	0.125	0.073	0.124	-0.7%	0.072	-1.4%	0.109	-12.6%	0.063	-12.7%	0.111	-11.4%	0.064	-11.8%
F2	0.142	0.076	0.141	-0.5%	0.077	1.5%	0.130	-8.4%	0.071	-6.4%	0.125	-12.1%	0.068	-10.2%
F3	0.257	0.138	0.258	0.4%	0.139	1.0%	0.275	7.2%	0.149	8.0%	0.256	-0.2%	0.138	0.2%
F4	0.043	0.022	0.045	4.5%	0.024	11.6%	0.033	-23.8%	0.017	-21.0%	0.033	-22.6%	0.017	-20.8%
F5	0.082	0.044	0.074	-10.3%	0.041	-5.6%	0.059	-28.4%	0.034	-22.5%	0.048	-41.7%	0.028	-35.5%
F6	0.262	0.140	0.266	1.5%	0.145	3.4%	0.249	-4.8%	0.137	-2.2%	0.204	-22.3%	0.112	-19.9%
F7	0.305	0.160	0.325	6.4%	0.176	9.5%	0.319	4.5%	0.173	7.7%	0.242	-20.6%	0.130	-18.9%
G1	0.317	0.178	0.324	2.3%	0.185	3.8%	0.323	2.1%	0.184	3.6%	0.319	0.8%	0.182	2.4%
G2	0.447	0.235	0.450	0.6%	0.240	2.0%	0.449	0.5%	0.240	2.0%	0.449	0.4%	0.239	1.8%
G3	0.393	0.205	0.383	-2.6%	0.200	-2.0%	0.385	-2.2%	0.201	-1.6%	0.401	1.8%	0.210	2.7%
G4	0.475	0.240	0.451	-5.2%	0.233	-2.9%	0.455	-4.3%	0.236	-2.0%	0.455	-4.3%	0.236	-1.8%
G5	0.292	0.139	0.283	-3.2%	0.138	-0.2%	0.284	-2.8%	0.139	0.1%	0.283	-3.1%	0.139	0.0%

5.2.8.3 工程实施后的沿岸冲淤估算

由于本工程既不开挖也不存在码头、栈桥等,工程目的即在保持天然水深的条件下保持龙岛稳定,因此工程对该区水下地形的人为改变很小,因此工程实施后主要表现为受防波堤挑流等效应,导致的局部流场改变,而对大范围流场影响十分有限,由潮流数模模拟结果也印证这点。近岸泥沙的淤积或冲刷是由于海洋动力,主要是波、流变化而引起的,防波堤等工程由于突出于原有岸线,故会导致水域波浪、潮流条件发生改变,进而对周边的泥沙环境造成一定程度的改变,即动力增强形成侵蚀冲刷、动力减弱易导致泥沙落淤。本项目修复工程引起的泥沙冲淤将主要是由于工程引起的岛体轮廓发生变化的影响,水流动力减弱挟沙力变化引起的冲淤,其冲淤主要为悬沙。计算采用适用于开敞区域砂质海岸冲淤强度的经验公式(刘家驹,1991),其表达式如下:

$$p = \frac{K_0 \omega S t}{\gamma_0}\left[1 - 0.5\left(\frac{V_2}{V_1}\right)\left(1 + \frac{d_1}{d_2}\right)\right] \tag{5-18}$$

式中:p——淤积强度变化值,m;

ω——泥沙的沉降速度,m/s,根据测区悬砂粒径平均值小于絮凝当量粒径0.03mm,此时沉速采用絮凝沉速 0.0004 ~ 0.0005m/s;;

S——含沙量,kg/m³;

t——淤积历时,s;

γ_0——淤积物的干密度,kg/m³,其大小与淤积物的粒径有关,根据拟建工程码头前沿测站表层沉积物统计的中值粒径值,采用公式 $\gamma_0 = 1750 D_{50}^{0.183}$ 计算;

K_0——经验系数,取值 0.14 ~ 0.17;

V_1、V_2——工程前、后流速的变化,m/s;

d_1、d_2——工程前、后水深,m。

由于含沙量与波、流共同作用有关,因此式(5-18)中的含沙量 S 变化可以由波浪、潮流数学模型计算结果反映出来,而公式中的 V_1、V_2 也可由前文潮流场计算结果反映,因此利用式(5-18)可以表达规划区由于水动力条件改变而导致的本区泥沙冲淤变化趋势。

(1)含沙量的确定

在小浪或无浪气象条件下,曹妃甸海域含沙量并不大,近年水文测验资料表明,曹妃甸近海深水区大致为 0.05 ~ 0.10kg/m³;近岸区大致为 0.07 ~ 0.15kg/m³。近岸水域又以甸头为界,分为西部水域和东部水域,西部水域平均含沙量大于东部。如大潮平均含沙量,西部和东部海域 1996 年 10 月实测分别为 0.39kg/m³

和 0.32kg/m³, 2005 年 3 月为 0.163kg/m³ 和 0.072kg/m³, 2006 年 3 月为 0.137kg/m³ 和 0.054kg/m³。根据以往分析,考虑波浪作用后,曹妃甸海域年平均含沙量大致为 0.21kg/m³ 左右。

基于上述资料,为便于确定龙岛水域附近的年均含沙量,基于《海港水文规范 JTS 145-2—2013》式(P.0.7.2):

$$S = \phi \times \frac{\gamma_s \gamma}{\gamma_s - \gamma} \frac{(|V_1| + |V_2|)^2}{g d_1} \tag{5-19}$$

原式中系数用未知参数 φ 代替,所以

$$\phi = \frac{S(\gamma_s - \gamma)}{\gamma_s \gamma} \cdot \frac{g d_1}{(|V_1| + |V_2|)^2} \tag{5-20}$$

$$\vec{V}_1 = \vec{V}_T + \vec{V}_U \tag{5-20-1}$$

$$\vec{V}_U = 0.02 \vec{U} \tag{5-20-2}$$

$$V_2 = 0.2 \frac{H}{d_1} C \tag{5-20-3}$$

式中:S——含沙量,kg/m³;

ϕ——反算的含沙量计算公式系数平均值;

γ_s——泥沙颗粒的密度,kg/m³;

V_2——波浪水质点的平均水平速度,m/s;

$\vec{V}_T$——潮流的时段平均流速,m/s;

$\vec{V}_U$——风吹流的时段平均流速,m/s;

$\vec{U}$——时段平均风速,m/s;

d——水深,m;

g——重力加速度,m/s²;

H——波高,m;

C——波速,m/s。

经由资料已知当时风、浪资料,反算求得反映挟砂能力的含沙量系数 φ,然后再根据本区常年波、风况中对应的波高、风速,代回公式求得对应的含沙量年平均值,由此可得到龙岛水域位置处的年均含沙量在 0.088~0.172kg/m³ 之间。

(2)冲淤计算结果与分析

根据已确定参数,代入上述式(5-18),即可得到龙岛岛周由于修复工程的实施导致的冲淤变化,计算点位置与前文潮流计算点一致,冲淤结果见表5-20。其中,由于一期修复工程后,封堵了龙岛中部(公共接待区附近)的豁口通道,进而冲槽归流效应消失,到外呈现动力减弱趋势,导致一定悬沙落淤,如 E1、E2 点。二期工程实施后,岛东端和西南端均受动力增强影响,冲淤特性发生变化,如东侧 F3 点的冲刷强度增加、西南端 B3 点落淤减弱。在三期工程实施后,东侧由于岛体北端增加了防波堤(挡沙堤),进而与二期已建成的东侧防波堤形成较大范围掩护区,从而该区易形成弱流,导致原有的冲刷转变为落淤环境,如 F3 点,而 F7 点由于挑流动力增强,该区域变为冲刷趋势。龙岛内滨浅滩由于大多处在弱动力回流区内,营造了淤积环境,因此各计算点也表现为淤积趋势。同时,结果也反映出修复工程实施至三期,E3 和 E4 仍呈现侵蚀冲刷趋势,因此对该岸段还需进行相关设计优化,以进一步减弱该水域的近岸水流动力,改善冲淤平衡。

龙岛修复工程实施后各计算点冲淤强度变化值　　　　表 5-20

计算点分布		年均冲淤强度(m/年)		
位置	编号	一期	二期	三期
沙岛东南岸	E1	0.015	0.015	0.015
	E2	0.006	0.006	0.006
	E3	− 0.019	− 0.019	− 0.019
	E4	− 0.011	− 0.096	− 0.100
沙岛东北岸	F1	0.005	0.070	0.062
	F2	0.004	0.047	0.065
	F3	− 0.002	− 0.041	0.002
	F4	− 0.027	0.123	0.123
	F5	0.054	0.145	0.204
	F6	− 0.009	0.027	0.115
	F7	− 0.037	− 0.025	0.105
沙岛西南端及附近深槽	B3	0.009	0.006	0.005
	B4	0.027	0.023	0.022
	B5	0.011	0.013	0.013
沙岛内浅滩	C3	0.003	0.049	0.049
	C6	0.000	0.014	0.014
	D3	0.014	0.014	0.009
	D4	0.001	0.001	0.019
	D5	0.007	0.007	0.010
	D6	0.013	0.013	0.007

(3)对周边的影响

本区邻近的老龙沟海域底沙粒径相对较粗,口门拦门沙处为平均粒径 0.25mm 左右的细沙,深槽内稍细,大致为 0.1mm 左右,2008 年试挖槽资料显示,

航槽内回淤物为 $0.07 \sim 0.1$ mm 的极细沙，挖槽两侧地形没有出现冲刷现象。这也表明挖槽内回淤物不是来自两侧附近区域，而是随潮流挟带的泥沙落淤，这部分泥沙以悬移质或推移质形式输移，或交替进行。经综合分析，选择 2007 年 8 月老龙沟拦门沙附近大潮实测含沙量 0.16 kg/m³ 为老龙沟海域年平均含沙量，代入上述计算式(5-18)，得到平均淤积强度约为 0.033 m/年，修复工程一至三期的结果基本一致，表明对老龙沟航道附近的影响有限，因此龙岛修复工程的实施不会对曹妃甸甸头深槽、港池、外海等周边海域的回淤产生影响。

5.2.8.4 数学模型主要结论与建议

本次研究详细分析了曹妃甸海域及龙岛周边的动力、泥沙和冲淤演变，以及龙岛近期的地形变化及引起这些变化的因素，在此基础上，根据实测资料建立了曹妃甸海域潮流数学模型，并在此基础上结合动力地貌、岸滩演变分析和冲淤计算，研究龙岛修复工程方案的水流泥沙问题。研究结果表明：

(1)曹妃甸海域属非正规半日混合潮性质，相邻两潮潮高不等，特别是小潮潮位过程比较复杂，接近全日潮。

(2)本海区波浪以风浪为主，本海域常浪向为 S，出现频率为 8.62%；次常浪向为 SE，出现频率为 5.77%。强浪向为 ENE，该方向波能占 16.48%，最大波高 4.9 m。

(3)曹妃甸海域涨潮西流，落潮东流。在曹妃甸甸头和距离浅滩较远海域，潮流基本呈现东西向的往复流运动；在靠近浅滩海区，由于受地形变化影响和漫滩水流作用，主流流向有顺岸或沿等深线方向流动的趋势。

(4)在小浪或无浪气象条件下，曹妃甸海域含沙量并不大，近年水文测验资料表明，曹妃甸近海深水区大致为 $0.05 \sim 0.10$ kg/m³；近岸区大为 $0.07 \sim 0.15$ kg/m³。考虑波浪作用后，海域年平均含沙量大致为 0.21 kg/m³ 左右。

(5)本区底质主要为黏质粉土、砂质粉土、粉砂、细砂、粉砂夹黏性土。其中，龙岛水域及海滩沙中值粒径 d_{50} 介于 $0.10 \sim 0.22$ mm 之间。

(6)龙岛所在区域为曹妃甸工业区东侧浅滩，工程范围内主要为浅滩，高程为 $-2 \sim 5$ m，为浅滩潮间带和水下浅滩地貌类型，地形地势较平坦。该岛南岸沙滩长约 6km，其中有 1000 余米长的优质沙滩，沙质细软，后方有零星沙丘植被，以前由于交通不便，岸滩杂乱，无旅游配套设施，鲜有游客进入，沙滩同样受到海岸侵蚀的威胁，部分岸段沙丘呈现 1m 高的冲蚀陡坎。

(7)龙岛绝大部分范围均出现不同程度的侵蚀，主要表现在：岛内滩面变化较小；东侧沙坝浅滩处发生侵蚀，冲刷深度 $1 \sim 1.5$ m，岛体侵蚀 $0.2 \sim 0.3$ m；龙岛西端存在 $1 \sim 2$ km 左右的侵蚀；中部出现冲槽豁口，并逐年扩大趋势。岛体岸线长度及面积均呈现缩减趋势。

(8)一期修复工程,经防护及封堵后,高潮时潮流已经不能漫过滩面,阻断了横穿龙岛的水流通道,进而冲槽归流效应消失,挟沙动力和途径的消失阻止了邻近滩面泥沙的流失,其邻近沿岸呈现动力减弱趋势,导致一定程度悬沙落淤。

(9)二期修复工程,由于修建防波堤,起到了防波挡沙的作用,也使龙岛西南端和东端的岬头效应增强,呈现一定挑流效果,虽然岬头端部流速略有增强,但带来的好处,表现在:一方面使得邻近周边潮沟的沙滩得到防护,特别是岛西端;另一方面使得沙岛掩护段背面的水域处于挑流后的回流区内,动力减弱,有利于泥沙沉积,创造了保护龙岛滩沙流失的动力环境。由于岛东端和西南端均受动力增强影响,冲淤特性发生变化,如东侧防波堤外的近岸冲刷强度增加、西南端落淤减弱。

(10)三期修复工程,其主要变化发生在岛北侧,防波堤(挡沙堤)的建设,对岛东北端近岸水动力条件发生了一定程度的改变,局部流速增强的同时,也时与东岸之间的局部水流形成弱流区。三期工程实施后,东侧由于岛体北端增加了防波堤(挡沙堤),进而与二期已建成的东侧防波堤形成较大范围掩护区,从而该区易形成弱流,导致原有的冲刷转变为落淤环境,而北端外侧近岸由于挑流动力增强,该区域变为冲刷趋势。

(11)龙岛内滨浅滩由于大多处在弱动力回流区内,营造了淤积环境,因此各计算点也表现为淤积趋势。同时,计算结果也反映出修复工程实施至三期,东南岬角("L"折点附近)仍呈现侵蚀冲刷趋势,因此对该岸段还需进行相关设计优化,以进一步减弱该水域的近岸水流动力,改善冲淤平衡。

(12)龙岛修复工程(一期至三期)均对曹妃甸甸头深槽、港池、外海等周边海域的水流、泥沙回淤没有影响。

5.3 物理模型试验研究

通过二维波浪水槽物理模型试验,研究波浪作用下沙层渗透性和岸滩剖面变化规律及透水管促淤保滩作用。研究内容包括:天然沙滩上泥沙的运动特性研究;增加透水管后泥沙的冲淤特性及促淤效果研究。

5.3.1 研究方法

按《波浪试验规程》(JTJ/T 234—2001)要求,沿岸输沙的波浪泥沙模型试验宜采用不规则波。采用规则波时,应选取代表波浪,其波要素可按下式计算:

$$H^* = \left(\frac{\sum H_i^2 p_i}{\sum p_i} \right)^{1/2}$$

$$\alpha^* = \frac{1}{2}\sin^{-1}\left(\frac{\sum H_i^2 p_i \sin 2\alpha_i}{\sum H_i^2 p_i}\right)$$

式中：H^*——代表波高，m；

$\quad\quad H_i$——测站资料大于泥沙起动波的量级为 i 的有效波高，m，泥沙起动波高可按《海港水文规范》(JTJ 213—98)计算；

$\quad\quad p_i$——测站资料对应为 i 量级的波高及波向的出现频率；

$\quad\quad \alpha^*$——代表波向，rad；

$\quad\quad \alpha_i$——测站资料对应为 i 量级的波向角，rad。

鉴于前期分析，波浪是研究区近岸的主要动力因素，也是泥沙运动的主导动力。因此，本物理模型需要满足波浪运动相似和波浪作用下泥沙运动相似等要求。

（1）波浪运动相似，包括波浪传播速度相似、折射相似、绕射相似、反射相似、波浪破碎相似。

（2）波浪泥沙运动相似，包括波浪泥沙起动相似、冲淤部位相似、破沙掀沙相似。

在满足波浪运动相似、泥沙运动相似的各项要求后，可根据试验研究范围、模型条件等确定各项比尺的大小。

根据波浪试验相关要求，模型按重力相似准则设计，确定模型的长度比尺为 1：70，即 $\lambda_H = \lambda_L = \lambda_h = 1：70$，见表5-21。

最终选用的物理模型试验比尺关系　　　　　　　表5-21

比 尺 类 别	符　　合	计　算　值	调　整　值
水平比尺（Horizontal）	λ_l	—	70
垂直比尺（Vertical）	λ_h	—	70
波长（Wavelengh）	λ_L	—	70
波周期（Wavepreiod）	λ_T	$\sqrt{70}$	$\sqrt{70}$
波速（Wave Velocity）	λ_C	$\sqrt{70}$	$\sqrt{70}$
轨迹速度（Track Velocity）	λ_u	$\sqrt{70}$	$\sqrt{70}$
颗粒密度（Grain Density）	$\lambda_{\rho s}$	1.97	1.97
粒径（Grain Size）	λ_D	1.01	1.00

根据试验场地及规范要求，本模型中取坡度为 1：14.9，坡面坡度为 3.83°，沙滩滩面距离造波机 20m，具体尺寸见图5-58。

图5-58　透水管人工沙滩保护试验模型布置图(尺寸单位：mm)

试验中试验水深为 300mm,波浪周期 $T_s=2s$,根据公式计算海沙的启动波高为 7.23cm,试验中波高取 7.3cm。透水管采用 ϕ100mm 的 PVC 管制作,底部用 PVC 板封住,透水管结构设计细部图见图5-59。

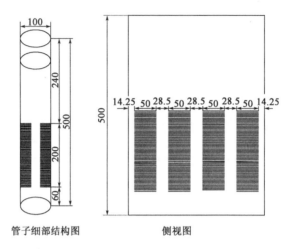

管子细部结构图   侧视图

图5-59 透水管结构设计细部图(尺寸单位:mm)

本次试验采用对比方法得出结论,先在不安装透水管的情况下模拟波浪作用下的坡面稳定,待滩面稳定后,安装四根透水管,继续观察在波浪作用下的滩面变化。

5.3.2 试验结果和分析

5.3.2.1 海滩剖面稳定性试验

本次试验研究过程中,波浪作用的模型时间采取逐步累积,最后达到基本平衡,剖面基本不再变化为止。

波浪的整个传播过程为:达到海滩后的波浪在海床底摩阻的作用下,波高逐渐减小;随着水深的进一步减小,波浪的浅水效应逐渐加强,波高增大;波高增大一定程度后达到对应水深的极限波高,出现破碎;破碎后波高衰减,波浪顺着沙滩或者护岸向上爬升。在整个波浪的传播过程中,泥沙运动主要集中在波浪破碎带内。破碎带内水体剧烈紊动,将滩沙裹挟在水体内,滩沙随着破波水体向上爬升,一部分留在爬升的过程中,一部分滩沙随回流的水体回到破碎带附近。停留在爬升阶段的滩沙逐渐形成滩肩,形成淤积体;而破碎带附近的泥沙由于没有足够的沙源,出现了冲刷。待冲刷深度达到 5.1cm(相对于原断面高度),淤积厚度为 12cm(相对于原断面高度)时滩面变化幅度十分微小,以此可以判断模型沙滩剖面趋于平衡,如图5-60、图5-61所示。

图 5-60　剖面稳定后的淤积厚度

图 5-61　剖面稳定后的冲刷深度

5.3.2.2　透水管人工沙滩保护性试验

滩面稳定后,将四根透水管用沙均匀固定在斜坡淤积段,管中心间隔 30cm,如图 5-62 所示。

图 5-62　透水管布置图

在相同的试验条件下对滩面继续进行波浪试验。从试验结果看,滩面布置透水管待剖面稳定后,测量冲刷位置前移约45.0cm,最大淤积高度比布管前高出1.9cm,如图5-63～图5-68所示。

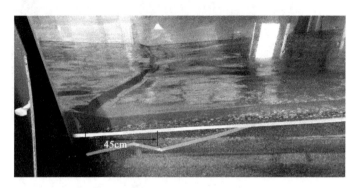

图5-63　布管前冲刷位置标记(红色玻璃贴)

图5-64　布管前期冲刷位置

图5-65　布管后期冲刷位置变化

图5-66　布管后滩面高度变化(整体)

图5-67　布管后滩面高度变化(局部)

图5-68　布管滩面细化

5.3.3　小结

通过 PEM 养滩技术的断面物理模型试验研究,主要得到以下结论:

(1)通过海滩稳定性试验得出沙滩剖面出现冲刷的主要部位一般位于水面以下的波浪破碎带内。

(2)通过布置透水管与前面试验对比发现 PEM 系统可以通过改变沙滩内的孔隙水压力和渗透应力,增加颗粒间摩擦力,有效减缓波浪对沙滩的冲刷,加快泥沙沉降,从而使得沙滩的冲刷部位前移,沙滩的有效淤积增加,起到促淤养滩的作用。

建议接下来主要开展以下两方面的研究:

(1)PEM 养滩技术整体物理模型试验。采用模型砂,进行整体物理模型,定量研究 PEM 透水管的尺寸和布置形式对沙滩养护的影响,确定合理施工参数。

(2)进行 PEM 养滩技术现场试验段试验。通过现场试验,进一步优化 PEM 透水管的布置形式,并对 PEM 透水管的施工方法进行研究。

5.4　现场试验与效果评估

5.4.1　现场试验

根据曹妃甸龙岛规划和环境现状,沙滩岸线修复工程布置在龙岛西段南侧,修复海岸线长 2000m。依据曹妃甸龙岛潮位资料和沙滩侵蚀特点等,PEM 工程设计为埋设顺岸线方向长 2000m,垂直岸线方向宽 100m,修复沙滩面积 20.0 万 m^2,根据前期试验结果并参考马来西亚刁曼岛的修复经验,本次 PEM 管布置顺海岸方向间距为 40m,垂直海岸方向间距为 10m,共埋设 PEM 管 500 根,埋设 PEM 管管顶高程介于龙岛最低潮位与最高潮位之间。PEM 管布置平面见图 5-69,PEM 管布置纵断面见图 5-70。

现场试验采用 PEM 管,管身材料为 PVC 塑料,长度为 2m,外径 160mm,壁厚 4mm(图 5-71)。

2017 年 7—8 月进行 PEM 项目工程施工。2017 年 8 月—2018 年 8 月进行 4 次监测维护。于 2018 年 11 月、2019 年 4 月和 2019 年 8 月增加三次延长测量。

5.4.2　实施过程

(1)PEM 管的制作

PEM 管管材加工严格按照设计的要求和规范的规定执行,管材内外壁光滑,未出现气泡、裂口和明显的痕纹、凹陷、色泽不均及分解变色线,管口平整并与轴线垂直;PEM 管水平缝宽度不超过 0.1mm,每条水平缝均穿透管体,相邻水平缝之间间距为 3mm(图 5-72)。

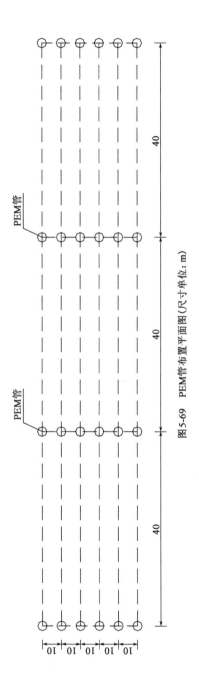

图5-69　PEM管布置平面图(尺寸单位：m)

图 5-70　PEM管布置纵断面（尺寸单位：mm）

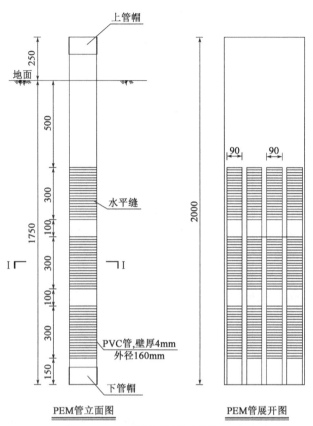

图 5-71　PEM 的构造图(尺寸单位:mm)

图 5-72　制作完成的 PEM 管

在 PEM 管制作完成后,共测试 PEM 管 436 根,平均透沙率为 3.93%,基本满足工程使用要求。

(2)PEM 管的埋设

PEM 管的埋设施工方法为:首先在 PEM 管周围采用 2.5t 柴油打桩锤打入钢套管,采取一定的措施保证钢套管与 PEM 管平行;然后将 PEM 管内及 PEM 管与钢套管之间的泥沙用抽沙水泵抽出;最后提升 PEM 管至设计高程,拔出钢套管并对 PEM 周围回填整平。

5.4.3 现场监测

(1)监测时间

在沙滩修复项目实施后,进行了为期两年的监测,第一年监测范围为 500 个断面,每个断面 10 个测点。监测时间分别为:2017 年 8 月、2017 年 11 月、2018 年 4 月和 2018 年 7 月。

由于 2018 年 8 月 15—19 日渤海海域发生数次风暴潮,8 月 15 日至 20 日期间风速高于 10m/s 的风持续时间较长,最大风速 15.2m/s,在海面可形成 3~4m 浪高,接近曹妃甸海域重现期二十五年一遇波浪,风暴潮期间风暴增水及风浪对近岸工程造成较大影响。

此次风暴潮对工程范围内的 PEM 透水管造成了较大数量的破坏,冲刷范围内的透水管由于露出长度增加,迎浪面受强浪冲击,直接造成 PEM 透水管沿着水平缝断裂。

2018 年 11 月根据现场进行了第二次补管工程,并进行了后期三次的大范围的延长测量,监测时间分别为:2018 年 11 月、2019 年 4 月和 2019 年 8 月。

通过本次风暴潮后 PEM 管损坏经验总结,后期需加强现场 PEM 管的监测维护工作,PEM 管需埋设至沙滩内部才能起到养滩护沙的效果,PEM 管并无防浪作用,由于龙岛沙滩组成物质较为松散且安装 PEM 管施工的影响,PEM 管安装初期由于动力条件的影响会导致部分 PEM 管外露滩面部分超过 20cm(图 5-73),此时需对此部分 PEM 管进行及时维护,保证 PEM 管外露滩面不超过 20cm。图 5-74、图 5-75 为风暴潮后外露滩面部分损坏的 PEM 管。

(2)监测方法

为了准确反映沙滩地形,地形测量采用断面法测量,主要地形断面与离岸 PEM 管断面重合,同时在相邻主要地形断面间加密测量一至两条地形断面。

地形测量采用全野外数字测图方法,地形测量采用的 GPS RTK,每天作业前均在控制点"TK1"或"TK2"上进行检测,各期的检测结果中,平面较差最大为 0.026m;高程较差最大为 0.024m。

图 5-73　施工后现场外露滩面较多 PEM 管

 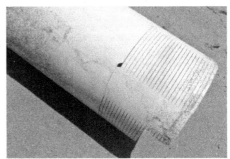

图 5-74　风暴潮后损坏的 PEM 管　　　　　　图 5-75　断裂的 PEM 透水管

地形断面测量方法如下：首先将 PEM 管顺岸方向的设计线键入 GPS RTK 手簿中，通过 GPS RTK 放线测量功能，放样出各条离岸 PEM 管断面位置，在离岸 PEM 断面线上每隔 10m 采集一个地形点；PEM 离岸断面间的地形断面则根据里程均匀加密采集，加密断面上的点间距也为 10m；另外，在测区内明显的地形变化处均进行加密测量。

每期测量结束后，立即对数据进行提取、备份、检查、处理，及时发现错测、漏测范围，保证测图的准确性和完整性。

5.4.4　测量结果及养滩效果分析

5.4.4.1　水动力条件及泥沙条件分析

工程外海波浪数据分析采取 ECWMF 再分析数据，下载时间为 2017 年 8 月至 2018 年 8 月期间,数据提取点地理坐标为 39.00°N,118.875°E,距离工程位置约 12km。经分析可知,工程海域波浪以风浪为主,冬季 10—12 月以及春季 1—3 月份以 NE 风为主,夏季 4—6 月及秋季 7—9 月以 SE 风为主。

各月波高玫瑰图见图 5-76,总波高玫瑰图见图 5-77。(注:各图中圆内的数字表示无浪的频率)分别对各月波浪数据进行分析。各月波况分析见表 5-22。

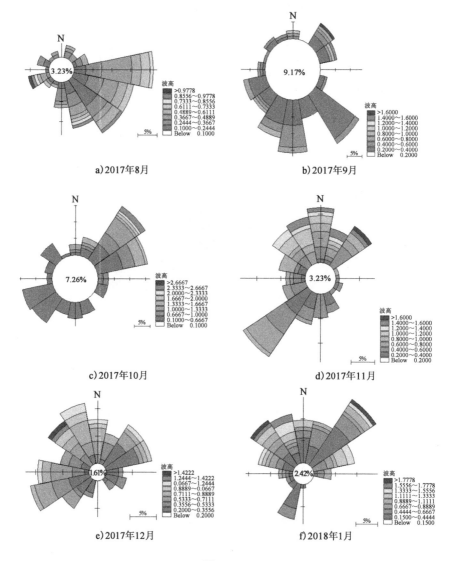

图   5-76

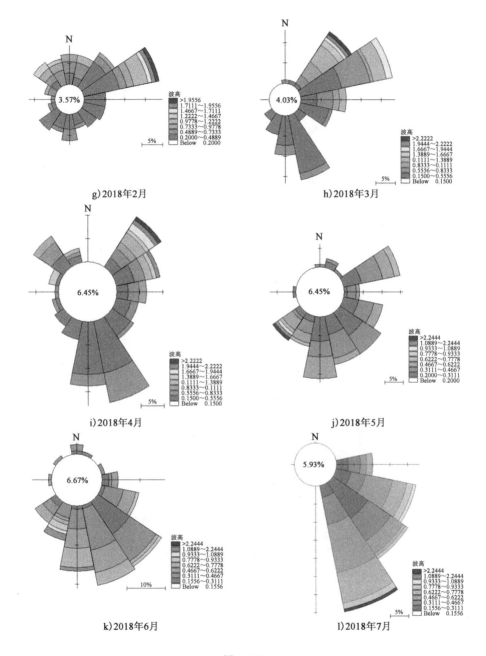

g) 2018年2月

h) 2018年3月

i) 2018年4月

j) 2018年5月

k) 2018年6月

l) 2018年7月

图 5-76

185

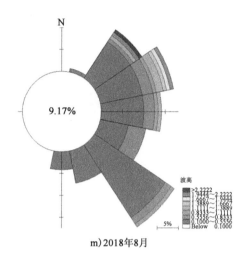

m）2018年8月

图 5-76　2017 年 8 月—2018 年 8 月期间各月波浪玫瑰图

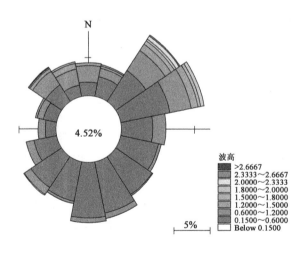

图 5-77　2015—2017 年波浪玫瑰图

各月波况分析

表 5-22

时　间	常　浪　向		强　浪　向		最大波高（m）	平均波高（m）
	常浪向	发生频率（%）	强浪向	发生频率（%）		
2017 年 8 月	E	20.97	SE	18.55	1.10	0.39
2017 年 9 月	SE	20.00	NE	7.53	1.75	0.43
2017 年 10 月	NE	19.35	NE	19.35	2.63	0.62
2017 年 11 月	SW	15.00	NE	10.00	1.80	0.71
2017 年 12 月	WSW/NNW	11.29	NW	9.68	1.62	0.57
2018 年 1 月	NE	19.85	NE	19.85	1.92	0.68
2018 年 2 月	ENE	19.64	ENE	19.64	2.23	0.56
2018 年 3 月	ENE	23.39	NE	16.13	2.34	0.63
2018 年 4 月	SSE	19.17	NE	13.33	2.43	0.65
2018 年 5 月	S/ENE	16.31	SW	8.87	1.45	0.40
2018 年 6 月	SE	23.33	SSW	9.17	1.23	0.44
2018 年 7 月	SSE	37.10	SE	26.61	1.72	0.47
2018 年 8 月	SE	25.6	NE	12.80	2.44	0.45

根据国家海洋环境预报中心关于温带风暴潮的发布可知,在 2018 年 8 月 15—19 日渤海海域发生数次风暴潮,国家海洋环境预报中心发布数次Ⅲ和Ⅳ风暴潮预警,在短期内渤海湾曹妃甸潮位站警戒潮位最高可达 2.10m(85 基面)。

根据 NOAA 后报风数据分析,得到 8 月 15—20 日风速风向分布,见图 5-78、图 5-79 所示。从风数据分析可知 8 月 15—20 日期间风速高于 10m/s 的风持续时间较长,最大风速 15.2m/s。

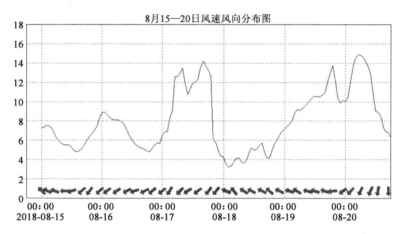

图 5-78 8 月 15—20 日风分布

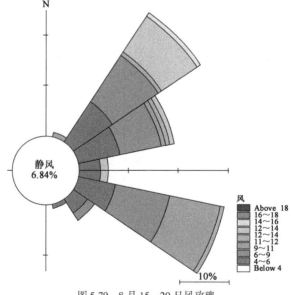

图 5-79 8 月 15—20 日风玫瑰

188

由以上分频分级和玫瑰图分析可知,2017 年 8 月至 2018 年 8 月期间,工程区域强浪向为 NE 向,发生频率为 9.22%,最大波高 2.63m,常浪向为 SE 向,发生频率为 11.30%。

5.4.4.2　测量结果分析

对测量结果进行对比分析,监测结果本着实事求是的原则,对现有测量数据进行统计分析。工程布置图见图 5-80,共布置了 50 个断面,七次测量结果分布见图 5-81 ~ 图 5-87,由于篇幅有限,仅在沙滩两端和中部选择部分断面的监测数据展示见图 5-88 ~ 图 5-105。

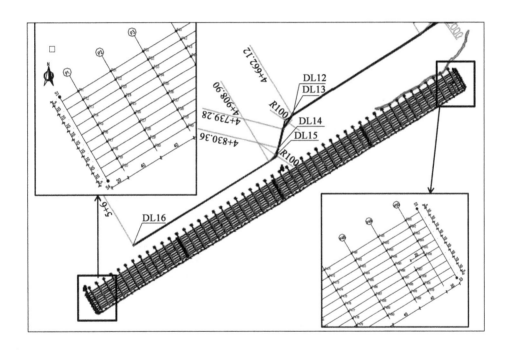

图 5-80　PEM 管工程布置图

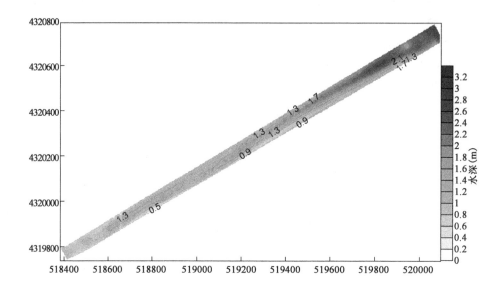

图 5-81　2017 年 8 月测量结果分布图

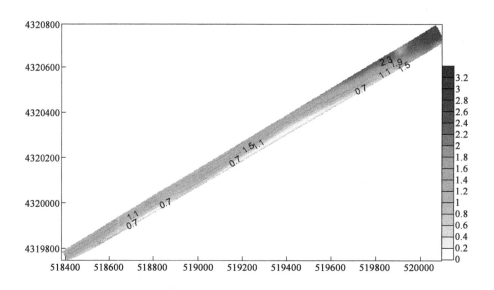

图 5-82　2017 年 11 月测量结果分布图(水深单位:m)

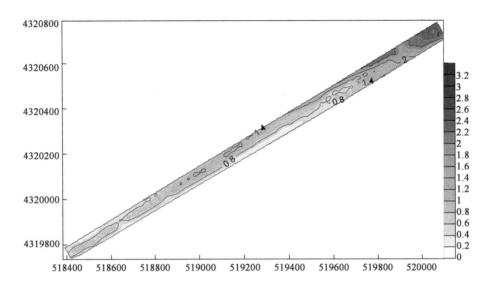

图 5-83　2018 年 4 月测量结果分布图(水深单位:m)

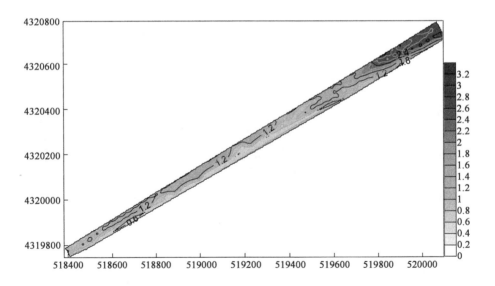

图 5-84　2018 年 7 月测量结果分布图(水深单位:m)

191

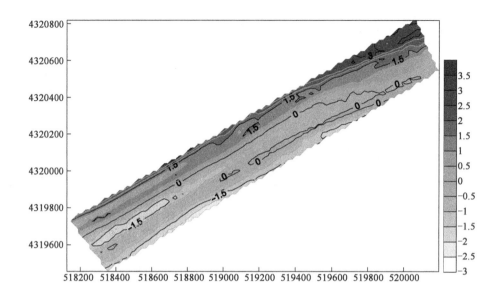

图 5-85　2018 年 11 月延长测量结果分布图(水深单位:m)

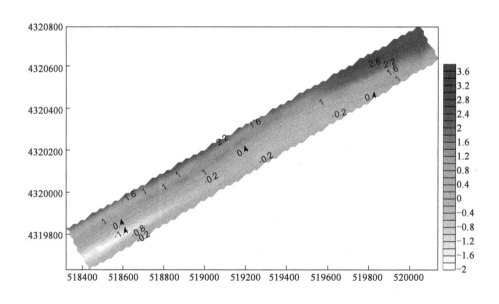

图 5-86　2019 年 4 月延长测量结果分布图(水深单位:m)

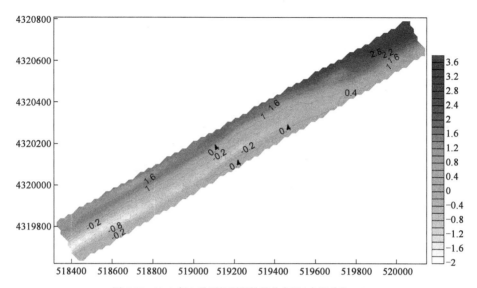

图 5-87 2019 年 8 月延长测量结果分布图(水深单位:m)

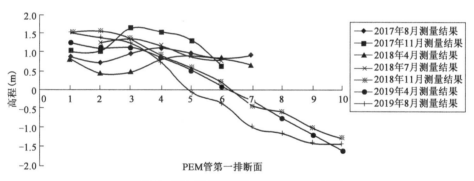

图 5-88 第 1 排 PEM 管断面监测冲淤变化结果

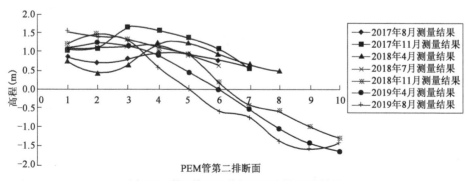

图 5-89 第 2 排 PEM 管断面监测冲淤变化结果

193

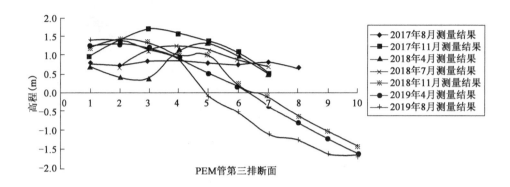

图 5-90　第 3 排 PEM 管断面监测冲淤变化结果

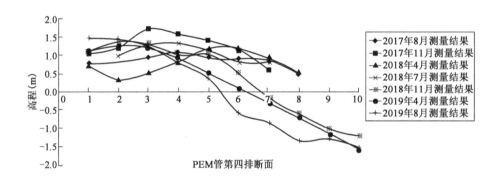

图 5-91　第 4 排 PEM 管断面监测冲淤变化结果

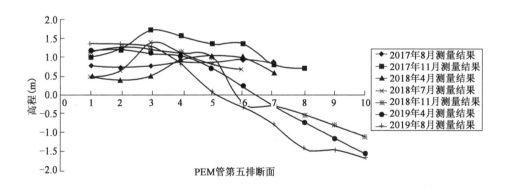

图 5-92　第 5 排 PEM 管断面监测冲淤变化结果

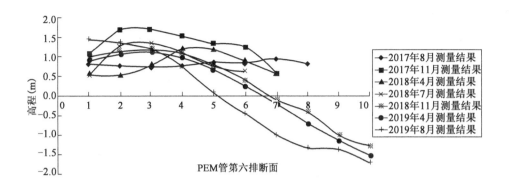

图 5-93 第 6 排 PEM 管断面监测冲淤变化结果

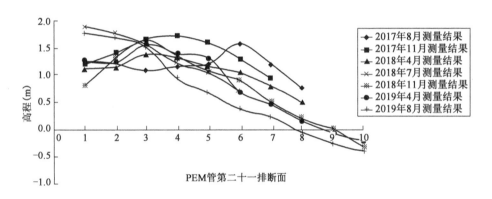

图 5-94 第 21 排 PEM 管断面监测冲淤变化结果

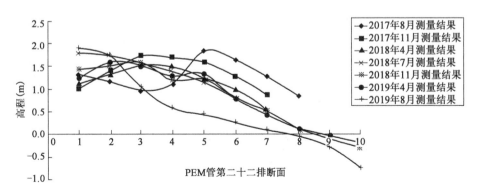

图 5-95 第 22 排 PEM 管断面监测冲淤变化结果

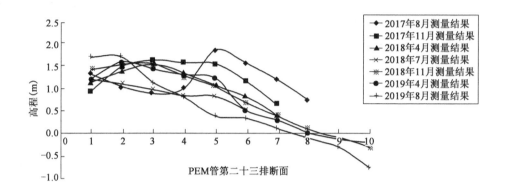

图 5-96　第 23 排 PEM 管断面监测冲淤变化结果

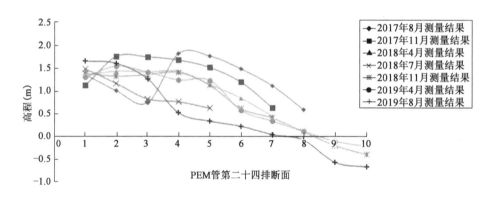

图 5-97　第 24 排 PEM 管断面监测冲淤变化结果

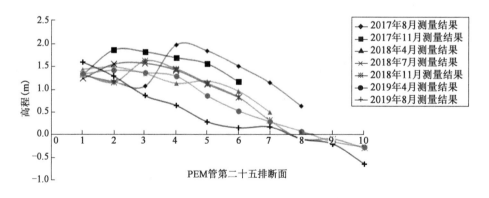

图 5-98　第 25 排 PEM 管断面监测冲淤变化结果

196

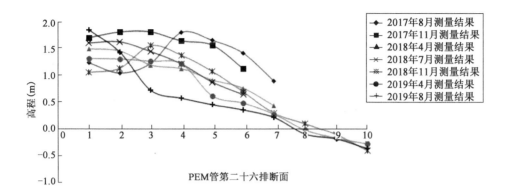

图 5-99　第 26 排 PEM 管断面监测冲淤变化结果

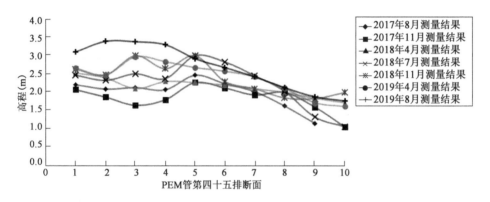

图 5-100　第 45 排 PEM 管断面监测冲淤变化结果

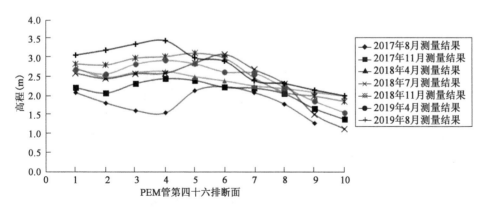

图 5-101　第 46 排 PEM 管断面监测冲淤变化结果

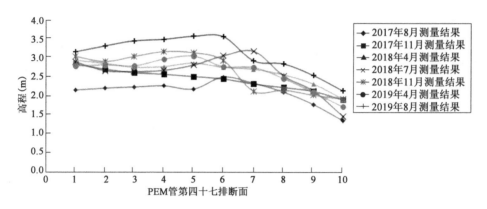

图 5-102　第 47 排 PEM 管断面监测冲淤变化结果

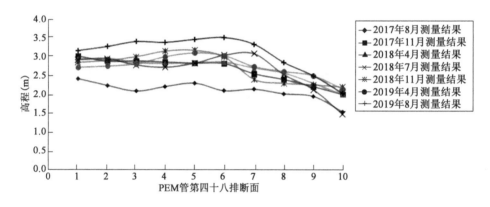

图 5-103　第 48 排 PEM 管断面监测冲淤变化结果

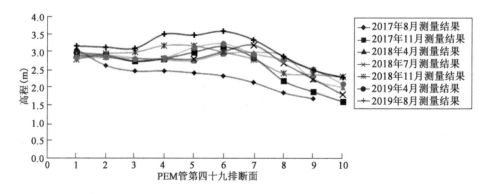

图 5-104　第 49 排 PEM 管断面监测冲淤变化结果

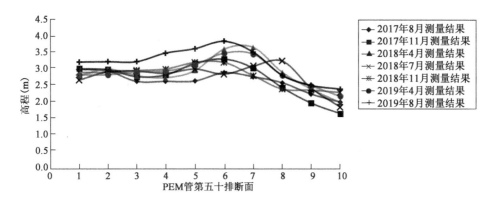

图 5-105　第 50 排 PEM 管断面监测冲淤变化结果

针对 50 排 PEM 管,对每排管的测量数据进行断面分析,分析的主要内容有:2017 年 8—11 月期间,2017 年 11 月至 2018 年 4 月期间,2018 年 4—7 期间,2018 年 11 月至 2019 年 4 月,2019 年 4—8 月期间各断面的平均淤厚、最大淤厚、平均冲刷、最大冲刷以及平均冲淤情况,见表 5-23 ~ 表 5-27。

2017 年 8—11 月期间冲淤情况分析　　　　　　　表 5-23

断面	平均淤厚	最大淤厚	平均冲刷	最大冲刷	冲淤情况
P1	0.39	0.69	− 0.18	− 0.18	0.30
P2	0.47	0.86	− 0.05	− 0.05	0.40
P3	0.56	0.85	− 0.29	− 0.29	0.44
P4	0.44	0.77	− 0.26	− 0.26	0.34
P5	0.54	0.93	− 0.03	− 0.03	0.46
P6	0.63	0.98	− 0.36	− 0.36	0.49
P7	0.76	1.10	− 0.24	− 0.30	0.26
P8	0.61	0.85	− 0.32	− 0.37	0.15
P9	0.46	0.89	− 0.37	− 0.41	0.05
P10	0.39	0.71	− 0.30	− 0.40	− 0.01
P11	0.39	0.55	− 0.15	− 0.25	0.08
P12	0.43	0.63	− 0.11	− 0.17	0.12
P13	0.52	0.54	− 0.10	− 0.18	0.08
P14	0.25	0.38	− 0.29	− 0.74	− 0.08
P15	0.24	0.51	− 0.33	− 0.44	0.02

续上表

断面	平均淤厚	最大淤厚	平均冲刷	最大冲刷	冲淤情况
P16	0.24	0.52	−0.17	−0.38	0.04
P17	0.18	0.27	−0.20	−0.20	0.13
P18	0.20	0.25	−0.13	−0.21	0.11
P19	0.33	0.50	−0.10	−0.23	0.14
P20	0.37	0.53	−0.19	−0.29	0.16
P21	0.43	0.57	−0.19	−0.27	0.16
P22	0.52	0.75	−0.33	−0.41	0.04
P23	0.59	0.74	−0.41	−0.58	0.02
P24	0.88	1.00	−0.28	−0.48	0.05
P25	0.48	0.74	−0.30	−0.34	0.09
P26	0.61	0.77	−0.18	−0.29	0.22
P27	0.72	0.81	−0.21	−0.32	0.19
P28	0.66	0.95	−0.31	−0.42	0.17
P29	0.54	0.69	−0.42	−0.47	0.06
P30	0.60	0.62	−0.40	−0.52	−0.07
P31	0.68	0.86	−0.37	−0.47	−0.02
P32	0.83	0.92	−0.27	−0.35	0.04
P33	0.85	1.03	−0.24	−0.36	0.07
P34	0.80	1.00	−0.33	−0.61	0.00
P35	0.52	0.87	−0.25	−0.42	−0.03
P36	0.49	0.68	−0.24	−0.38	−0.03
P37	0.58	0.73	−0.27	−0.41	−0.03
P38	0.49	0.91	−0.24	−0.40	0.03
P39	0.39	0.69	−0.27	−0.42	0.06
P40	0.58	0.86	−0.36	−0.47	0.04
P41	0.67	0.67	−0.51	−0.71	−0.18
P42	0.38	0.64	−0.43	−0.62	−0.13
P43	0.34	0.52	−0.40	−0.51	−0.12
P44	0.23	0.51	−0.19	−0.25	0.14

断面	平均淤厚	最大淤厚	平均冲刷	最大冲刷	冲淤情况
P45	0.41	0.44	−0.22	−0.48	−0.08
P46	0.38	0.90	−0.02	−0.02	0.34
P47	0.39	0.67	−0.04	−0.05	0.31
P48	0.55	0.80	—	—	0.55
P49	0.43	0.83	−0.10	−0.10	0.37
P50	0.23	0.53	−0.26	−0.35	0.08

2017 年 11 月—2018 年 4 月期间冲淤情况分析　　　表 5-24

断面	平均淤厚	最大淤厚	平均冲刷	最大冲刷	冲淤情况
P1	0.19	0.19	−0.63	−1.17	−0.49
P2	0.10	0.10	−0.43	−1.00	−0.36
P3	—	—	−0.46	−1.28	−0.46
P4	0.18	0.31	−0.67	−1.18	−0.43
P5	—	—	−0.58	−1.20	−0.58
P6	—	—	−0.56	−1.14	−0.56
P7	0.04	0.04	−0.62	−1.12	−0.51
P8	0.50	0.50	−0.60	−0.92	−0.44
P9	—	—	−0.38	−0.94	−0.38
P10	0.19	0.21	−0.38	−0.76	−0.22
P11	0.13	0.20	−0.47	−0.71	−0.30
P12	0.08	0.12	−0.39	−0.91	−0.26
P13	0.09	0.11	−0.43	−0.95	−0.28
P14	0.26	0.26	−0.36	−0.51	−0.26
P15	0.12	0.22	−0.31	−0.50	−0.10
P16	0.13	0.19	−0.32	−0.40	−0.15
P17	0.05	0.09	−0.30	−0.50	−0.21
P18	0.07	0.07	−0.19	−0.43	−0.15
P19	0.06	0.06	−0.24	−0.34	−0.19
P20	0.06	0.06	−0.27	−0.36	−0.23
P21	—	—	−0.26	−0.43	−0.26

续上表

断面	平均淤厚	最大淤厚	平均冲刷	最大冲刷	冲淤情况
P22	0.08	0.08	−0.25	−0.37	−0.20
P23	0.21	0.21	−0.25	−0.49	−0.18
P24	0.22	0.22	−0.30	−0.37	−0.22
P25	0.11	0.11	−0.39	−0.55	−0.31
P26	—	—	−0.45	−0.65	−0.45
P27	0.01	0.01	−0.41	−0.64	−0.35
P28	—	—	−0.41	−0.52	−0.41
P29	—	—	−0.39	−0.44	−0.39
P30	0.28	0.28	−0.36	−0.56	−0.25
P31	0.11	0.11	−0.33	−0.50	−0.26
P32	0.23	0.44	−0.34	−0.49	−0.18
P33	0.08	0.12	−0.31	−0.44	−0.20
P34	0.17	0.28	−0.32	−0.56	−0.14
P35	0.17	0.23	−0.56	−1.00	−0.38
P36	0.19	0.26	−0.57	−0.97	−0.38
P37	0.68	0.68	−0.54	−1.03	−0.39
P38	0.46	0.46	−0.52	−0.93	−0.40
P39	0.11	0.11	−0.28	−0.75	−0.19
P40	0.23	0.36	−0.49	−0.75	−0.08
P41	0.44	0.81	−0.26	−0.29	0.21
P42	0.31	0.70	−0.26	−0.38	0.17
P43	0.37	0.93	−0.23	−0.25	0.22
P44	0.37	1.02	—	—	0.37
P45	0.39	0.66	—	—	0.39
P46	0.29	0.61	—	—	0.29
P47	0.22	0.38	—	—	0.22
P48	0.09	0.17	−0.06	−0.09	0.04
P49	0.34	0.71	−0.13	−0.24	0.13
P50	0.31	0.62	−0.17	−0.22	0.17

2018 年 4—7 月期间冲淤情况分析　　　　　　　　　　表 5-25

断面	平均淤厚	最大淤厚	平均冲刷	最大冲刷	冲淤情况
P1	0.68	0.87	−0.05	−0.06	0.39
P2	0.56	0.65	−0.23	−0.34	0.09
P3	0.33	0.74	−0.12	−0.14	0.18
P4	0.62	0.75	−0.17	−0.36	0.23
P5	0.43	0.88	−0.18	−0.30	0.13
P6	0.65	0.73	−0.21	−0.44	0.08
P7	0.61	0.81	−0.28	−0.40	0.17
P8	0.40	0.73	—	—	0.40
P9	0.50	0.70	−0.26	−0.47	0.12
P10	0.46	0.64	−0.33	−0.43	0.14
P11	0.61	0.73	−0.25	−0.36	0.27
P12	0.52	0.75	−0.23	−0.31	0.22
P13	0.49	0.53	−0.22	−0.40	0.02
P14	0.41	0.71	−0.27	−0.32	0.00
P15	0.54	0.74	−0.07	−0.10	0.29
P16	0.53	0.78	−0.22	−0.29	0.03
P17	0.38	0.47	−0.18	−0.25	0.01
P18	0.28	0.73	−0.06	−0.15	0.13
P19	0.52	0.82	−0.31	−0.44	0.11
P20	0.60	0.77	−0.22	−0.44	0.19
P21	0.51	0.77	−0.19	−0.34	0.16
P22	0.39	0.69	−0.13	−0.21	0.13
P23	0.06	0.06	−0.38	−0.57	−0.31
P24	0.14	0.14	−0.51	−0.67	−0.38
P25	0.19	0.28	−0.13	−0.20	0.03
P26	0.16	0.25	−0.08	−0.12	0.08
P27	0.19	0.29	−0.16	−0.23	0.02
P28	0.11	0.25	—	—	0.11
P29	0.18	0.28	−0.27	−0.38	−0.12

断面	平均淤厚	最大淤厚	平均冲刷	最大冲刷	冲淤情况
P30	0.12	0.12	-0.18	-0.29	-0.12
P31	0.20	0.20	-0.19	-0.34	-0.13
P32	0.27	0.30	-0.43	-0.70	-0.23
P33	0.18	0.29	-0.62	-0.70	-0.22
P34	0.32	0.53	-0.58	-0.75	-0.07
P35	0.33	0.73	-0.03	-0.03	0.27
P36	0.31	0.68	-0.33	-0.33	0.23
P37	0.34	0.45	-0.41	-0.48	0.13
P38	0.35	0.59	-0.39	-0.54	0.13
P39	0.42	0.88	-0.48	-0.65	-0.14
P40	0.82	0.89	-0.49	-0.88	-0.16
P41	0.47	0.60	-0.54	-0.73	-0.20
P42	0.46	0.72	-0.24	-0.42	0.11
P43	0.50	0.87	-0.29	-0.58	0.18
P44	0.20	0.46	-0.53	-0.80	-0.09
P45	0.37	0.73	-0.32	-0.65	0.10
P46	0.40	0.70	-0.28	-0.86	-0.01
P47	0.39	0.47	-0.14	-0.45	-0.04
P48	0.28	0.38	-0.12	-0.53	-0.04
P49	0.07	0.20	-0.12	-0.21	-0.02
P50	0.14	0.34	-0.33	-0.75	-0.10

2018 年 11 月—2019 年 4 月期间冲淤情况分析　　　　表 5-26

断面	平均淤厚	最大淤厚	平均冲刷	最大冲刷	冲淤情况
P1	0.11	0.11	-0.20	-0.46	-0.17
P2	—	—	-0.28	-0.48	-0.28
P3	0.04	0.04	-0.19	-0.49	-0.16
P4	0.05	0.05	-0.21	-0.49	-0.18
P5	0.04	0.42	-0.32	-0.44	-0.11
P6	—	—	-0.14	-0.31	-0.14

断面	平均淤厚	最大淤厚	平均冲刷	最大冲刷	冲淤情况
P7	0.12	0.25	−0.21	−0.44	−0.01
P8	0.11	0.16	−0.12	−0.25	−0.05
P9	0.05	0.14	−0.22	−0.62	−0.11
P10	0.15	0.43	−0.22	−0.29	0.04
P11	0.18	0.26	−0.18	−0.32	0.00
P12	0.16	0.30	−0.20	−0.27	0.09
P13	0.13	0.31	−0.18	−0.31	−0.05
P14	0.26	0.39	−0.12	−0.29	0.03
P15	0.18	0.34	−0.12	−0.20	0.06
P16	0.16	0.34	−0.17	−0.20	0.09
P17	0.14	0.27	−0.14	−0.16	0.03
P18	0.09	0.13	−0.17	−0.45	−0.01
P19	0.12	0.26	−0.08	−0.17	0.02
P20	0.14	0.23	−0.03	−0.04	0.09
P21	0.21	0.44	−0.08	−0.21	0.03
P22	0.08	0.12	−0.09	−0.19	0.01
P23	0.09	0.17	−0.11	−0.21	−0.03
P24	0.11	0.22	−0.09	−0.16	0.03
P25	0.12	0.26	−0.18	−0.29	−0.06
P26	0.19	0.26	−0.19	−0.46	−0.08
P27	0.20	0.31	−0.27	−0.49	−0.08
P28	0.17	0.38	−0.26	−0.50	−0.04
P29	0.25	0.40	−0.09	−0.19	0.01
P30	0.11	0.21	−0.23	−0.29	−0.06
P31	0.15	0.33	−0.24	−0.44	−0.08
P32	0.13	0.29	−0.22	−0.40	−0.08
P33	0.04	0.04	−0.17	−0.53	−0.15
P34	0.07	0.08	−0.21	−0.65	−0.15
P35	0.22	0.57	−0.16	−0.29	0.07

续上表

断面	平均淤厚	最大淤厚	平均冲刷	最大冲刷	冲淤情况
P36	0.30	0.65	−0.12	−0.21	0.17
P37	0.27	0.73	−0.32	−0.38	0.15
P38	0.26	0.80	−0.31	−0.31	0.21
P39	0.33	0.58	−0.35	−0.52	−0.01
P40	0.47	0.69	−0.24	−0.31	0.12
P41	0.53	0.67	−0.31	−0.46	0.03
P42	0.43	0.83	−0.35	−0.53	0.04
P43	0.34	0.59	−0.37	−0.71	−0.01
P44	0.40	0.54	−0.33	−0.79	0.03
P45	0.18	0.33	−0.21	−0.38	0.03
P46	0.13	0.13	−0.22	−0.37	−0.15
P47	0.33	0.62	−0.18	−0.25	−0.02
P48	0.23	0.34	−0.12	−0.19	0.02
P49	0.20	0.39	0.01	−0.35	0.01
P50	0.37	0.65	−0.08	−0.12	0.10

2019 年 4—8 月期间冲淤情况分析　　　　表 5-27

断面	平均淤厚	最大淤厚	平均冲刷	最大冲刷	冲淤情况
P1	0.24	0.38	−0.41	−0.69	−0.15
P2	0.48	0.51	−0.21	−0.54	−0.07
P3	0.39	0.47	−0.41	−0.74	−0.17
P4	0.28	0.60	−0.40	−0.64	−0.06
P5	0.11	0.48	−0.58	−0.70	−0.16
P6	0.72	0.83	−0.32	−0.77	−0.11
P7	0.26	0.99	−0.52	−0.57	0.03
P8	0.04	0.88	−0.56	−0.61	−0.14
P9	0.27	0.90	−0.29	−0.39	−0.01
P10	0.13	1.00	−0.49	−0.51	−0.05
P11	0.19	1.16	−0.30	−0.33	0.04
P12	0.02	0.72	−0.39	−0.40	−0.06

断面	平均淤厚	最大淤厚	平均冲刷	最大冲刷	冲淤情况
P13	0.44	1.07	−0.18	−0.42	0.13
P14	0.27	1.04	−0.31	−0.33	0.15
P15	0.24	1.09	−0.37	−0.50	0.06
P16	0.16	1.14	−0.39	−0.46	0.05
P17	0.21	0.84	−0.53	−0.76	−0.01
P18	−0.07	0.65	−0.53	−0.54	−0.12
P19	0.49	0.78	−0.36	−0.60	−0.02
P20	0.56	0.67	−0.38	−0.67	−0.09
P21	0.64	0.67	−0.27	−0.63	−0.09
P22	0.46	0.76	−0.48	−0.88	−0.29
P23	0.46	0.80	−0.35	−0.85	−0.19
P24	0.32	0.56	−0.43	−0.88	−0.28
P25	0.56	0.56	−0.31	−0.62	−0.22
P26	0.23	0.55	−0.23	−0.63	−0.09
P27	0.27	0.55	−0.29	−0.71	−0.07
P28	0.19	0.49	−0.20	−0.42	−0.04
P29	0.16	0.48	−0.35	−0.59	−0.04
P30	0.21	0.71	−0.19	−0.44	0.05
P31	0.27	0.59	−0.22	−0.55	0.03
P32	0.30	0.68	−0.25	−0.56	0.14
P33	0.34	0.76	−0.16	−0.23	0.14
P34	0.36	0.73	—	0.04	0.36
P35	0.41	0.61	—	0.12	0.41
P36	0.28	0.48	−0.25	−0.25	0.22
P37	0.27	0.52	−0.20	−0.45	0.08
P38	0.42	0.59	−0.23	−0.35	0.03
P39	0.49	0.92	−0.37	−0.54	0.15
P40	0.56	1.07	−0.13	−0.30	0.35

断面	平均淤厚	最大淤厚	平均冲刷	最大冲刷	冲淤情况
P41	0.42	0.95	—	0.01	0.42
P42	0.43	1.05	−0.07	−0.07	0.38
P43	0.43	1.01	—	0.15	0.43
P44	0.40	0.80	—	0.21	0.40
P45	0.40	1.02	—	0.11	0.40
P46	0.48	0.74	−0.09	−0.09	0.43
P47	0.48	0.79	—	0.18	0.48
P48	0.47	0.70	−0.11	−0.11	0.41
P49	0.43	0.78	−0.02	−0.02	0.38
P50	0.35	0.65	—	0.01	0.35

2017年8—11月、2018年4—7月和2019年4—8月期间各断面测量数据分析结果显示,50个断面中总体表现为淤积断面多于冲刷断面,且冲刷程度较轻;2017年11月—2018年4月和2018年11月—2019年4月期间测量结果显示冲刷断面多于淤积断面,且冲刷断面多集中于西南侧,淤积断面集中于东北侧。

2017年8—11月期间,PEM试验区域平均冲淤厚度为0.10m,总体为淤积;2017年11月—2018年4月期间,PEM试验区域平均冲淤厚度为−0.04m,总体为冲刷;2018年4—7月期间,PEM试验区域平均冲淤厚度为0.05m,总体为淤积;2017年8月—2018年7月期间,PEM试验区域平均冲淤厚度为0.11m,总体为淤积。

2018年11月—2019年4月期间,PEM试验区域平均冲淤厚度为−0.02m,总体为冲刷;2019年4—8月期间,PEM试验区域平均冲淤厚度为0.07m,总体为淤积;2018年11月—2019年8月期间,PEM试验区域平均冲淤厚度为0.05m,总体为淤积。从修复工程实施后2017年8月—2019年8月PEM试验区域平均冲淤厚度为0.01m,总体为淤积。

龙岛海侧岸滩是典型的滨海沙质海滩,沙滩上的泥沙运动主要为纵向(沿岸方向)和横向(向-离岸方向)运动。由龙岛(东坑坨)"L"形沙堤主岸线走向(北东53.6°),结合波浪作用优势浪向对比可知,龙岛近岸海域范围内,ENE方向波浪动力作用最强,是导致东坑坨近岸区产生较强沿岸流和沿岸输沙的主要动力因素。

在正向波浪作用下,沙质海滩的横向输沙是具有周期性的特点,即冬季较强风浪作用下,横向输沙以离岸运动为主,岸线呈蚀退状态,岸滩具有"BAR 型剖面"特征;在夏季弱浪期,横向输沙以向岸运动为主,岸线呈淤进状态,岸滩多具有"STEP 型剖面"特征。但在比较强烈的波浪条件下,导致大量泥沙离岸输移并淤积在水深较大海域,这时的岸滩侵蚀的修复则往往需要由沿岸输沙予以补充。在斜向波浪作用下,在近岸破波区将产生沿岸输沙。当"上游"来沙过多,超过了当地沿岸输沙能力,岸滩将发生淤积,岸线向海推进;当来沙不足,岸滩将发生侵蚀,岸线后退。

由于本海区"上游"近年泥沙供给不足,在波浪作用下,龙岛海侧岸滩逐渐受到侵蚀,其中少部分泥沙产生离岸运动,落淤在水深较大处,近岸波浪掀扬起来的泥沙大部分被沿岸流带向"下游",因此,龙岛"L"形沙堤海侧呈侵蚀趋势。

综上数据分析可以看出在 2017 年 11 月—2018 年 4 月和 2018 年 11 月至2019 年 4 月期间总体表现为冲刷,冲刷测量期间均横跨冬季,冬季较强风浪作用下,横向输沙以离岸运动为主,岸线呈蚀退状态,其余测量区段总体表现为淤积,符合龙岛的横向输沙具有"冬退夏淤"的特点。

从各断面测量数据可以看出 2018 年 8 月的风暴潮发生后沙滩呈现出风暴型剖面,在破波带造成严重冲刷。从 2019 年 8 月测量结果可以看出,施工区域西侧由于供沙不足呈侵蚀状态,沙滩恢复也较慢,东侧沙滩剖面恢复较快,许多断面滩面淤积恢复至原滩面高度甚至高出原有滩面。

5.4.4.3　测量范围冲淤变化情况分析

在沙滩修复项目实施后,前四次监测范围主要为布置 PEM 管断面进行测量,测量范围较小,如图 5-106 所示,测量面积约 0.14km²;后三次延长测量范围较大,如图 5-107 所示,测量面积约 0.44km²,测量范围内平均冲淤情况,见表 5-28。

测量范围内冲淤情况分析　　　　　　　　　　　表 5-28

测量范围	测量时间	平均高度（m）
小范围	2017 年 8 月	1.50
	2017 年 11 月	1.57
	2018 年 4 月	1.45
	2018 年 7 月	1.58

续上表

测 量 范 围	测 量 时 间	平均高度（m）
大范围	2018 年 11 月	0.52
	2019 年 4 月	0.50
	2019 年 8 月	0.68

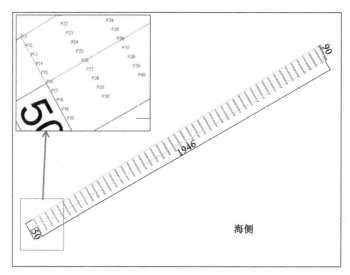

图 5-106　前四次测量范围

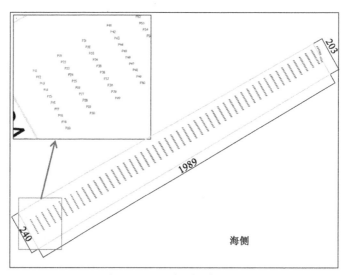

图 5-107　后三次延长测量范围

从统计小范围沙滩平均高度可以看出 2017 年 8 月—2018 年 7 月平均冲淤厚度为 0.08m,总体为淤积;大范围沙滩平均高度可以看出 2018 年 11 月—2019 年 8 月平均冲淤厚度为 0.16m,总体为淤积。

对比大范围与小范围沙滩平均高度,大范围测量数据较小范围测量数据相比淤积更为明显,说明沙滩淤积不仅只表现于 PEM 管侧周围,PEM 管之外区域滩面也有发生淤积。因为 PEM 管为一个压力均衡系统,可以改变沙滩上层的传导性,增大涌向滩面的海水的渗透率,落潮时涌上海滩的海水在落潮时流速变小,海水携带的泥沙会随着海水后退慢慢沉积在海滩上,从而减缓海滩坡度,增加海滩宽度。因此泥沙沉积可能会随海水沉积于 PEM 管之外,使得 PEM 管区之外附近区域发生淤积。

5.4.5 养滩效果分析

本次曹妃甸龙岛西段修复沙滩长 2.0km,宽 100m,修复沙滩面积 20 万 m²,埋设 PEM 管 500 根。在沙滩修复项目实施后,天津水运工程勘察设计院在 2017 年 8 月—2018 年 7 月对实施项目进行 4 次监测,监测范围为 50 个断面,每个断面 10 个测点。监测时间分别为:2017 年 8 月、2017 年 11 月、2018 年 4 月、2018 年 7 月。2018 年 8 月渤海海域发生的数次风暴潮对 PEM 管破坏严重并对沙滩破波带内产生了严重的侵蚀。2018 年 11 月月本工程进行了第二次补管并于 2018 年 11 月、2019 年 4 月、2019 年 8 月进行了大范围测量,测量面积约 0.44km²。

通过对测量数据统计分析,给出了七次测量总体冲淤分布图及各断面测量结果,同时分析了各间隔期间 50 个断面的平均淤厚、最大淤厚、平均冲刷、最大冲刷以及平均冲淤情况。

分析了测量期间工程海域各月波浪特征,2017 年 8 月—2018 年 5 月期间,工程区域强浪向为 NE 向,发生频率为 10.69%,最大波高 2.43m,常浪向及次强浪向为 ENE 向,发生频率为 11.60%。

研究成果表明龙岛海域在波浪、潮流作用下处于冲刷状态,2017 年 2—9 月实测断面中 3 号和 4 号断面冲刷强度分别为 0.10m 和 0.04m,取两个断面平均值冲刷强度为 0.07m,本区域具有冬退夏淤的特点,因此全年的冲刷强度会比 0.07m 更大。PEM 沙滩修复工程实施后,PEM 管布置范围内在 2017 年 8 月—2018 年 7 月期间,PEM 试验区域平均冲淤厚度为 0.11m,总体为淤积;2018 年 11 月—2019 年 8 月期间,PEM 试验区域平均冲淤厚度为 0.05m,总体为淤积;从修复工程实施后 2017 年 8 月—2019 年 8 月 PEM 试验区域平局冲淤厚度为

0.01m,总体为淤积。综上,PEM 管对波浪作用下的沙滩冲刷有减缓作用,对沙滩修复起到了积极作用。

2018 年 8 月受风暴潮影响后从 2018 年 11 月—2019 年 8 月测量断面数据可以看出西侧由于供沙不足呈侵蚀状态,沙滩恢复也较慢,东侧沙滩剖面恢复较快。

2018 年 11 月—2019 年 8 月测量分析大范围测量数据较各断面测量数据相比淤积更为明显,说明沙滩淤积不仅只表现于 PEM 管侧周围,PEM 管之外区域也有发生淤积。

PEM 管可以减缓波浪对沙滩的冲刷,但并无防浪作用,建议安装 PEM 管后需进行及时维护,尤其对于风浪较大的区域,保证 PEM 管外露滩面不超过20cm。

6 结论与展望

本书结合近几年在国内外生态海岸建设的研究工作,从以下几个方面阐述了生态海岸建设的研究成果:

(1)用海岸防护的生态建设方法,通过物理模型试验论证了工程建设对周边海岸的影响,利用设置离岸丁坝、潜堤等结构来治理海岸侵蚀。

(2)人工沙滩在防波堤工程建成后,受到周围海域波浪、泥沙以及铺砂特性等因素相互影响,可能造成人工沙滩剖面的变形、侵蚀、失稳等。为了保证工程建设后人工沙滩剖面的稳定和减小滩沙的流逝,并配合工程方案设计,研究了堤后沙滩在堤后次生波作用下的稳定性,并找到了最佳的方案组合。

(3)月牙湾浴场防波堤工程位于营口港鲅鱼圈港区和仙人岛港区之间,作为景观护岸,通过物理模型试验验证了其稳定性。

(4)生态工程技术:研究出波浪作用下沙层渗透性和岸滩剖面变化规律及透水管促淤保滩作用,即 PEM 沙滩养护技术。

近年来,生态环境是海岸工程建设中需要考虑的主要因素。虽然全球已经有许多成功的案例,但由于生态系统的复杂性和审美的地区性差异,生态海岸建设仍然是复杂、长期、值得探索性的。

参 考 文 献

［1］ 严恺.海岸工程［M］.北京:海洋出版社,2002.

［2］ 中国水利学会泥沙专业委员会.泥沙手册［M］.北京:中国环境出版社,1992.

［3］ 中交第一航务工程勘察设计院有限公司.海港水文规范:JTS 145-2—2013［S］.北京:人民交通出版社股份有限公司.2015.

［4］ 交通运输部天津水运工程科学研究所.海岸与河口潮流泥沙模拟技术规程:JTS/T 231-2—2010［S］.北京:人民交通出版社.2010.

［5］ 中华人民共和国行业标准.波浪模型试验规程:JTJ/T 234—2001［S］.北京:人民交通出版社.2001.

［6］ Bilkovic, M. , M. M Mitchell. Ecological tradeoffs of stabilized salt marshes as a shoreline protection strategy: effects of artificial structures on macrobenthic assemblages ［J］. Ecological Engineering. 2013(61):469-481.

［7］ D. Whigham, J. Uphoff Jr. Linking the abundance of estuarine fish and crustaceans in nearshore waters to shoreline hardening and land cover ［J］. Estuaries and Coasts. 2017(40):1464-1486.

［8］ Mitchell, M, Bilkovic, DM. Embracing dynamic design for climate-resilient living shorelines ［J］. Journal of Applied Ecology. 2019(56):1099-1105.

［9］ Bilkovic, D. M. , M. Mitchell, P. Mason, K. Duhring. The role of living shorelines as estuarine habitat conservation strategies ［J］. Special Issue (Conserving Coastal and Estuarine Habitats) in Coastal Management Journal 2016 (44):161-174.

［10］ Bilkovic, D. M. , M. Roggero, C. H. Hershner, K. H. Havens. Influence of land use on macrobenthic communities in nearshore estuarine habitats ［J］. Estuaries & Coasts. 2006(29):1185-1195.

［11］ L. E. Frostick, S. J. Mclelland and T. G. Mercer. Users guide to physical modeling and experimentation［M］. CRC Press/Balkema,2011.

［12］ T. Sawaragi. Coastal Engineering-Waves, Beaches. , Wave-Structure Interactions［M］. Tokyo: Elsevier, 1995.

［13］ 孙精石,古汉斌.山海关港泥沙淤积问题的分析研究［J］.水道港口,1995(02):1-10.

[14] 孙连成.天津港东疆港区人工沙滩冲淤稳定性试验研究[J].水运工程, 2009(02):7-12.

[15] 郭春玲.潍坊滨海旅游度假区人工沙滩的设计与防护方案研究[D].天津: 天津大学.2018.

[16] 徐啸.应用现场实测资料直接计算沿岸输沙率[J].海洋工程,1996(2): 91-97.

[17] 刘娜,宋向群,郭子坚,等.大连长兴岛海域沿岸输沙率的定量计算及定性 分析[J].中国水运,2006(04):14-16.

[18] 石谦.风暴潮叠加天文大潮下的泥沙循环与海岸侵蚀[J].厦门理工学院 学报,2010,18(04):51-55.

[19] 冯卫兵,二维沙质海滩剖面形态试验研究[J].海洋通报,2008(05): 110-115.

[20] 徐啸.波、流共同作用下浑水动床整体模型的比尺设计及模型沙选择[J]. 泥沙研究,1998(02):19-27.

[21] 俞聿修,朱传华,等.斜堤护面块体在斜向波作用下的稳定性[J].海岸工 程,2001(04):1-6.

[22] 窦国仁,董风舞,Xibing Dou,等.潮流和波浪的挟沙能力[J].科学通报, 1995(05):443-446.

[23] 罗肇森.波流共同作用下的近底泥沙输移及航道骤淤预报[J],泥沙研究, 2004(6):1-9.

[24] 伍志斌.人工沙滩平衡剖面特征的研究[D].大连:大连理工大学,2012.

[25] 胡殿才.人工岛岸滩稳定性研究[D].浙江:浙江大学硕士学位论文,2009.

[26] 夏益民,沙质海岸波浪动床模型设计-毛里塔尼亚友谊港下游冲刷试验模 型[J].海洋工程,1994(03):42-53.

[27] 孙天霆,王翌婷,刘清军,等.波浪作用下人工沙滩滩面变形试验研究[J]. 第十九届中国海洋(岸)工程学术讨论会论文集,2019(10):472-478.

[28] 蔡锋,刘根.我国海滩养护修复的发展与技术创新[J].应用海洋学学报. 2019(38):452-463.

[29] 交通运输部天津水运工程科学研究所.Draft Report for the Beach Protection Project[R].2014.

[30] 交通运输部天津水运工程科学研究所.江苏如东LNG项目接收站配套码 头工程人工岛周边在海洋动力作用下冲淤动床泥沙物理模型试验研究报 告[R].2005.

[31] 交通运输部天津水运工程科学研究所.天津港东疆港区东海岸一期工程试验研究[R].2007.

[32] 交通运输部天津水运工程科学研究所.莱州港盐码头泥沙淤积模型试验研究报告[R],1992.

[33] 交通运输部天津水运工程科学研究所.汕尾电厂港口工程泥沙淤积数学模型分析研究报告[R],2003.

[34] 交通运输部天津水运工程科学研究所.印尼 ADIPALA 1×660MW 电站项目泥沙运动与冲淤问题物理模型试验研究报告[R].2010.

[35] 交通运输部天津水运工程科学研究所.印尼 S2P 电站防波堤紧急修复工程岸滩稳定与泥沙冲淤现状分析研究报告[R].2010.

[36] 交通运输部天津水运工程科学研究所.营口市开发区新月牙湾浴场改造工程防波堤局部整体波浪物理模型试验报告[R].2007.

[37] 交通运输部天津水运工程科学研究所.龙岛沙滩修复项目物理模型试验研究报告[R].2016.

[38] 交通运输部天津水运工程科学研究所.唐山曹妃甸龙岛整治修复工程自然条件分析、潮流泥沙数学模型与岸滩演变和泥沙冲淤分析试验研究报告[R].2014.

[39] 交通运输部天津水运工程科学研究所.唐山曹妃甸龙岛项目水体交换及泥沙数学模型试验研究报告[R].2015.

[40] 交通运输部天津水运工程科学研究所.唐山曹妃甸龙岛整治修复工程波浪数学模型研究报告[R].2015.